AF903596

Mareike Fedders

Mein Insektenparadies

Tu was für Insekten im Garten

Mit den wichtigsten **Dos** & **Don'ts**

KOSMOS

Inhalt

Die Reihe mit den Dos & Don’ts

Do! Don’t

⟶ Mit den wichtigsten Dos und Don’ts, damit dein Garten zur Oase für Insekten wird

Insekten-wissen

Die kleine Welt der Sechsbeiner

Gefährdung und Nutzen

Insektizideinsatz an allen Orten

Außerhalb von Naturschutzgebieten werden Insekten in irgendeiner Form fast immer und überall bekämpft. Jeder hat wahrscheinlich schon mal davon gehört, dass der Insektizideinsatz auf Feldern und im Obstanbau zum Insektenschwund beiträgt. Um Schaden von den angebauten Kulturen abzuwenden, werden auf fast allen Feldern große Mengen an Giftstoffen ausgebracht. Diese wirken häufig so, dass neben den Schaden verursachenden Insektenarten viele andere, unschädliche Insekten ebenfalls getötet werden. Ähnliches passiert, in geringerem Umfang, auf intensiv genutztem Grünland.

Auch Käfer helfen bei der Bestäubung von Obstblüten.

Aber das ist nur ein Teil des Einsatzgebietes der Insektizide. Leider bescheren Monokulturen und Trockenheit auch unseren Wäldern zunehmend Probleme mit kleinen Sechsbeinern. Allen voran die Borkenkäfer, die bei uns rund 110 verschiedene Arten umfassen. Hinzu kommen Eichenprozessionsspinner und ein paar andere Schmetterlingsarten, die auch das Besprühen der Wälder erforderlich machen. Übrig bleiben Gewässer und Gärten. Aber selbst hier geht es den Kleinen oft genug an den Kragen. Dabei hat sich längst gezeigt, dass wir Insekten nicht kopflos beseitigen dürfen, zu wichtig sind sie für uns und unsere Umwelt.

Mehr Obst und Gemüse

Dass Bienen die Blumen bestäuben, lernt bereits jedes Kind. Dass sie unsere Obst- und Gemüseblüten bestäuben und dadurch die Früchte überhaupt erst wachsen können, haben auch schon viele gehört. Dass aber nicht nur Honigbienen diese Arbeit übernehmen, sondern auch Wildbienen, Schwebfliegen, Fliegen, Käfer, Wespen und viele andere ist weniger bekannt.

Weniger Schädlinge

Viele der bedeutendsten Gegenspieler von Schädlingen gehören selbst zum Reich der

Dank Marienkäferlarven und Co. gibt es in insektenfreundlichen Gärten kaum Blattlausplagen.

Insekten. Das bekannteste Beispiel dafür sind Blattläuse, die von Marienkäfern, Florfliegenlarven, Schwebfliegenlarven und vielen mehr gefressen werden. Außerdem werden sie von Schlupfwespen parasitiert. Die Raupen der Apfelwickler, die sich im Inneren von Äpfeln satt fressen, werden ebenfalls durch Schlupfwespen sowie Wanzen und Ohrwürmer auf natürliche Weise dezimiert. So ergeht es auch den meisten anderen Schadinsekten. Voraussetzung ist allerdings, dass die Gegenspieler tatsächlich da sind. Das sind sie in Monokulturen und Schottergärten seltener als in naturnahen Lebensräumen.

Mein Tipp

Vor flinken Insekten erschrecken und ekeln wir uns manchmal, z. B. vor Laufkäfern. Dabei sind sie fleißige Nacktschneckenvertilger und sollten als Nützlinge in jedem Garten gefördert werden!

Weniger Artensterben

Während Insekten selbst von einem dramatischen Bestandsrückgang betroffen sind, sind sie zugleich der Schlüssel, um ein weiteres Voranschreiten des Artensterbens aufzuhalten. Die meisten Singvogelarten sind auf Insekten angewiesen. Fledermäuse ebenfalls. Bevor sich ihre Bestände erholen können, müssen die der Insekten zunehmen.

Nahrungsketten

Die Bewohner eines Ökosystems stehen über Nahrungsnetze miteinander in Beziehung, die sich aus einzelnen Nahrungsketten zusammensetzen. Für jedes Tier kann man eine solche Kette anlegen, beginnend bei einem Lebewesen, das sich selbst nicht von anderen ernährt, zum Beispiel einer Pflanze. Diese wird von einem Tier gefressen, das in der Nahrungskette hinter ihr steht. Dieses wiederum ist die Beute eines anderen Tieres. Am Ende der Kette steht ein Lebewesen, das von keinem weiteren als Nahrung erbeutet wird. Wird eine Nahrungskette unterbrochen, weil ein Glied wegbricht, hat das Auswirkungen auf alle Lebewesen, die hinter ihm stehen. Insekten sind Bestandteil nahezu jeder Nahrungskette. Auch im Ökosystem Garten. Die folgenden Beispiele sollen das näher erläutern.

Mücken und ihre Larven: Sie sind gefürchtet, aber nicht nutzlos.

Beispiel Rauchschwalbe

Am Beginn dieser Nahrungskette steht eine Schwebalge in einer Regentonne im Garten. Von den Algen ernähren sich Mückenlarven. Nach dem Schlüpfen werden die Mücken von der Rauchschwalbe gefressen. Fallen die Mücken weg, weil sie bekämpft werden, findet die Rauchschwalbe weniger Nahrung. Sie könnte auf Fliegen ausweichen, doch findet sie diese in vielen Gegenden kaum noch, denn auch die Anzahl der Fliegen hat stark abgenommen, weil ihnen in modernen Siedlungen schlicht die Nahrung fehlt oder sie mit Insektiziden bekämpft werden.

Beispiel Fledermaus

Hier startet die Nahrungskette mit einem Apfelbaum, der von Apfelwicklern angeflogen wird, die ihre Eier ablegen möchten.
Ein Teil von ihnen wird vorher zur Beute von Fledermäusen. Wie schon im Beispiel der Rauchschwalbe, wirkt sich das Fehlen der Nachtfalter negativ auf die Fledermäuse aus. Sie finden weniger Nahrung, wodurch vor allem die Aufzucht ihrer Jungen leidet. Aber auch anders herum entstehen Probleme: Fehlen die Fledermäuse, weil sie in der Siedlung keine geeigneten Unterschlüpfe und Nistmöglichkeiten finden, nimmt die Anzahl

Mein Tipp

Spinnen, Asseln und Co. sind zwar keine Insekten, nehmen aber in den Nahrungsketten ähnliche Funktionen ein und haben einen großen Einfluss auf Insektenpopulationen. Sei es als Fressfeinde (Spinnen) oder als potenzielle Nahrung. Sie sind wichtige Bestandteile eines ökologischen Gleichgewichts.

Das Leben der Spinnen ist eng mit dem der Insekten verwoben.

der Apfelwickler deutlich zu. So können sie erhebliche Schäden am Obst verursachen, wodurch wir sie als Schadinsekten wahrnehmen, bei denen wir die Bekämpfung selbst in die Hand nehmen müssen.

Kettenreaktion

Das Fehlen von Mücken hat Einfluss auf ihre Fressfeinde, die in der Nahrungskette hinter ihnen stehen. Nehmen nicht nur die Mückenbestände, sondern auch die Bestände vieler weiterer Insektenarten ab, ist ein Einbruch in der Population ihrer Gegenspieler unausweichlich. Genau das beobachten wir im Moment, nicht nur bei Rauchschwalben und Fledermäusen. Fehlen erst mal die Insektenfresser, breiten sich solche Insekten stark aus, die uns Menschen in irgendeiner Art und Weise Schaden verursachen können. Ihnen ohne Pestizide beizukommen, scheint dann unmöglich.

Schwalben und viele andere Vogelarten halten Mückenbestände auf ganz natürliche Weise klein.

Insektenschutz im Garten

Eine üppige Blütenpracht gibt es auch im Naturgarten.

Hilft Insektenschutz im Garten überhaupt?

Ja! Wenn man zwei extreme Gartentypen miteinander vergleicht, wird der Unterschied, den die Art und Weise der Gartengestaltung und -bewirtschaftung macht, besonders deutlich. In einem modernen, sehr aufgeräumten Garten mit großen, gepflasterten Flächen, Beeten mit Zierkieseln und nahezu ohne Vegetation, Stabmattenzaun mit Plastiksichtschutz und mit einer vom Mähroboter kurz geschorenen Zierrasenfläche gibt es kaum Insekten. Auch die im Kiesel oder Schotter eingestreuten Ball- oder Bauernhortensien können das nicht ändern, weil sie weder Nektar noch Pollen für Bienen und Hummeln produzieren. Es fehlt den Insekten hier an allem: Nahrung, Versteckmöglichkeiten, Nistmaterial, Nist- und Überwinterungsplätzen.
Im auffälligen Gegensatz dazu steht ein Naturgarten. Gepflastert wird nur da, wo es unbedingt nötig ist und Pflasterfugen werden mit blühenden Kräutern für Insekten nutzbar gemacht. Beete sind üppig mit einheimischen, pollen- und nektarproduzierenden Stauden bepflanzt, die Grundstücksgrenze besteht aus Sträuchern und Bäumen und der Rasen enthält mehr blühenden Weißklee als Gras. Jeder Quadratmeter bietet Nahrung, aber auch Nistgelegenheiten und Schutz für die Überwinterung.

Die Menge machts!

Ein Naturgarten zwischen sterilen Schottergärten ist für Insekten wie eine fruchtbare Oase in der Wüste. Bisher können damit aber keine Wunder für die kleinen Krabbler vollbracht werden. Warum? Weil zu wenige mitmachen. Es gibt 17 Millionen Privatgärten in Deutschland, die zusammengenommen fast

Ein Nektarbeet mit Steinmauer ist eine Insektenoase im aufgeräumten Garten.

7000 km^2 groß sind. Das ist eine riesige Fläche, die sehr wohl zur Erholung der Insektenpopulationen beitragen kann. Wenn rund die Hälfte der Gartenbesitzer mitmachen würde, hätte das einen enormen Effekt!

Kompromiss für Freunde aufgeräumter Gärten

Dafür muss man aber nicht vom bekennenden Ziergärtner oder Gartenmuffel zum unfreiwilligen Naturgärtner werden. Zwischen den beiden oben beschriebenen Gartenformen gibt es viele Abstufungen und Mischformen. Jeder kleine Schritt in Richtung naturnaher und insektenfreundlicher Gestaltung macht einen Unterschied. Man kann Ballhortensien durch die nektarproduzierenden Rispenhortensien ersetzen oder den Zierkiesel durch pflegeleichte Bodendeckerpflanzen. Der Mähroboter kann einen Teil der Rasenfläche beim Mähen aussparen, wo dann statt reinem Gras auch einheimische Wiesenblumen wachsen dürfen. Der Stabmattenzaun kann mit Kletterpflanzen begrünt werden, die nur selten einen Rückschnitt benötigen. Blumenkübel können statt mit sterilen Hornveilchen auch mit bienenfreundlichen Dauerblühern bepflanzt werden. Die Liste der kleinen Schritte in Richtung eines insektenfreundlichen Gartens ist lang und es ist garantiert für jeden etwas dabei.

Don't

Sterile Schottergärten sind nix für Insekten. Aber wusstet ihr, dass auch Licht schädlich sein kann? Vor allem künstliches Licht in der Nacht. Es irritiert nachtaktive Falter so sehr, dass sie sich totfliegen. Also besser auf nächtliche Dauerbeleuchtung im Garten verzichten.

Das Jahr im Insektengarten

Frühling – im Erwachen

Mit den ersten milden Tagen des Jahres kommt Leben in die Insektenwelt. Überwinterte Hummeln, Wildbienen, Ameisen, Fliegen und Co. sind plötzlich wieder da, als wären sie nie weg gewesen. Sie verlassen, manchmal nur vorübergehend, ihre Verstecke und gehen auf die Suche nach Nahrung, Fortpflanzungspartnern und Nistplätzen. Jetzt sind ergiebige Nektar- und Pollenquellen wichtig für alle Blütenbesucher, denn das Arbeiten bei niedrigen Temperaturen erfordert viel Energie.

Im Sommer brauchen staatenbildende Insekten viel Wasser.

Sommer – auf Hochtouren

Insekten sind Sonnen- und Wärmefans, zumindest die meisten. Die Luft ist angefüllt mit dem Summen fleißiger Bienen und dem Zirpen von Heuschrecken und Zikaden. Alle wollen sich jetzt vermehren oder ihren Nachwuchs versorgen. Dafür brauchen sie Blüten ohne Ende, saftiges Blattgrün oder viel Glück bei der Jagd auf andere Sechsbeiner.

Herbst – Vorbereitungen

Nun geht auch den letzten der alt gewordenen Insekten die Puste aus. Konnten sie sich in den vergangenen Monaten erfolgreich vermehren, steht inzwischen schon der Nachwuchs in den Startlöchern. Als Larve muss er sich verpuppen oder an geschützte Stellen zurückziehen, um die nahende Kälte zu überstehen. Adulte Sechsbeiner verkriechen sich in Spalten und Ritzen und Bienen tragen die letzten Vorräte ein.

Winter – im Ruhemodus

Kalter Wind, Regen, Frost und Schnee erfordern in unseren Breiten eine Zwangspause, in der die kleinen Tiere bewegungslos in ihren Verstecken ausharren. Gut für jeden, der seinen Rückzugsort weise gewählt hat. Die anderen könnten zu leichter Beute werden, ermöglichen aber dem ein oder anderen Wintervogel das Überleben.

Gartenarbeiten

Jahreszeit	Gartenarbeiten
Frühling	· Teile des Staudenbeetes können abgeräumt werden, ein paar hohle Stängel sollten stehen bleiben dürfen · Aussaat von Blumen, Blumenwiese und ersten Salat- und Gemüsesorten · Düngung mit organischem Dünger wie Kompost oder Pferdemist · Stauden teilen · Bepflanzen und Umtopfen von Kübeln · zur Vorbeugung von Krankheiten kann unter anfälligen Pflanzen jetzt Laub entfernt werden · Nistkästen und Nisthilfen für Vögel, Fledermäuse, Insekten aufhängen
Sommer	· Blumenwiese abschnittsweise mähen · Saatgut einlagern · Staudenbeete, Bäume und Sträucher bei Trockenheit kräftig, aber nur einmal wöchentlich gießen · Wasserstellen für Vögel und Insekten aufstellen, regelmäßig reinigen
Herbst	· Aufschichten von Laub unter Hecken, Sträuchern und Bäumen · letzte Mahd der Blumenwiese vor dem Winter · Hecke schneiden (Formschnitt) · Vogel-Nistkästen reinigen, aber als Winter-Unterschlupf hängen lassen · Teich entschlammen
Winter	· den Garten möglichst ruhen lassen · ein starker Rückschnitt von Hecken, Sträuchern und Bäumen oder sogar das Entfernen sollte und darf nur jetzt vorgenommen werden

Wie entwickeln sich Insekten?

Das Wunder der Umwandlung

Insekten unterscheiden sich in vielerlei Hinsicht von Säugetieren und Vögeln. Einer der merkwürdigsten Unterschiede ist die Umwandlung im Laufe ihrer Entwicklung – zwischen dem Dasein als Larve und dem erwachsenem Insekt liegen teilweise Welten.

Unvollständige Metamorphose

Die Umwandlung von der Larve zum fortpflanzungsfähigen Insekt wird auch Metamorphose genannt. Ein Teil der Insekten macht während des Heranwachsens eine unvollständige Metamorphose durch. Sie kommt zum Beispiel bei Wanzen, Blattläusen, Ohrwürmern und Heuschrecken vor. Nach dem Schlüpfen durchlaufen die Larven oder Nymphen mehrere Larven-/Nymphenstadien und können dabei dem erwachsenen Insekt schon recht ähnlich sehen. Vor einem neuen Stadium häuten sie sich und wachsen dabei jedes Mal ein Stück. Im letzten Entwicklungsstadium sind sie geschlechtsreif und pflanzen sich selbst fort. Dann werden sie auch Imago (Mehrzahl: Imagines) genannt.

Vollständige Metamorphose

Beeindruckend ist vor allem die vollständige Metamorphose, die unter anderem Schmetterlinge, Käfer, Wildbienen, Wespen und Fliegen durchlaufen. Die frisch geschlüpften Larven haben mit den erwachsenen Insekten nicht mal entfernte Ähnlichkeit. Manche sind wurmartig und haben keine Beine, andere haben gleich 16. Oder sie leben im Wasser, obwohl sie später mal durch die Lüfte fliegen. Sie können nach dem Schlüpfen entweder bis zum letzten Larvenstadium linear weiterwachsen oder sich bis dahin mehrmals häuten. Was die vollständige Metamorphose aber so besonders macht, ist die anschließende Verpuppung. In der Puppe findet eine komplette Umwandlung der Larve statt, selbst ihr Innerstes wird aufgelöst und neu zusammengesetzt. Aus der Puppe schlüpft das ausgewachsene, geschlechtsreife Insekt, dessen Verwandtschaft zur Larvenform in keinster Weise mehr erkennbar ist.

Wo sind Insekten im Winter?

Insekten überwintern je nach Art als Ei, Larve, Puppe oder ausgewachsenes Insekt.

- Eier befinden sich unter Blättern, an Stängeln und Rinden, in geschützten Hohlräumen, in verrottendem Pflanzenmaterial, in der Erde oder in der Streu- und Moosschicht direkt darüber.
- Insektenlarven verkriechen sich vorzugsweise an frostfreie Orte, z. B. im Boden, in der dicken Laubschicht, aber auch in Baumritzen und hohlen Stängeln.
- Puppen findet man oft ungeschützt an Stängeln, Stämmen, Blättern oder Wänden. Die meisten überdauern allerdings in Hohlräumen, Ritzen und unter der Erde.
- Ausgewachsene Insekten brauchen teilweise frostfreie Verstecke, welche sie in Streu- und Mulchauflagen finden, in Haufen aus verrottendem Material (Komposthaufen), unter Baumstämmen, in Hohlräumen, Kellern, Erdhöhlen und auf Dachböden. Manchen Insekten reicht ein halbgeschützter Platz in der Baumrinde oder zwischen Fichtennadeln. Wieder andere überdauern fast ungeschützt (z. B. der Zitronenfalter).

Mein Tipp

Die vollständige Metamorphose kannst du an Kohlweißlingen beobachten, die in fast jedem Garten zu Hause sind. Die Larven findet man an Kohl, Rucola und ähnlichen Pflanzen, die Puppen an Hauswänden oder Baumstämmen und die Falter in der Luft.

Unerwünschte Gäste = Schädlinge?

Nicht jedes Insekt zeigt uns seine gute Seite auf den ersten Blick. Bei manchen müssen wir öfter und genauer hinsehen, damit wir ihren Wert erkennen. So oder so ähnlich könnte man Schadinsekten wohlwollend beschreiben. Nichtsdestotrotz ist die Einteilung in schädlich und unschädlich rein subjektiv, denn alle Insekten müssen fressen. Aber manche Arten fressen eben Dinge, die wir gern für uns hätten. Damit können sie uns das Leben zugegebenermaßen reichlich schwer machen.

Blattläuse 1

Wenn man rein nach der Individuenzahl geht, dann sind Blattläuse die häufigsten unerwünschten Gäste. Sie sind scheinbar überall und furchtbar hartnäckig, wenn man sie mit Hausmitteln bekämpfen möchte. Neutral betrachtet sind sie aber äußerst interessant: Zum Teil gebären sie lebende Jungtiere und werden von Ameisen gemolken. Außerdem gehören sie zur wichtigsten Beute von zahllosen Gegenspielern, denen man die Bekämpfung ruhigen Gewissens überlassen kann.

Großer und Kleiner Kohlweißling 2

Jeder liebt Schmetterlinge - außer den Kohlweißling. Seine Raupen können, in Massen auftretend, die ganze Kohl- und Rucola-Ernte vernichten. Im Garten ist ein Überhandnehmen jedoch oft hausgemacht. Einfach, weil der Garten zu naturfern ist. Kohlweißlinge haben so viele natürliche Feinde (Brack- und Wegwespen, Meisen, Sperlinge), dass eine Massenvermehrung fast ausgeschlossen ist, wenn man ihn naturnah gestaltet und Singvögel sowie Insekten in ihrer Ansiedlung unterstützt.

Stechmücken 3

Stechmücken vermehren sich vor allem in kleinen, wassergefüllten Hohlräumen. Das können Astlöcher sein, Pfützen, Untersetzer oder Regentonnen. Weil sie durchaus ihren ökologischen Nutzen haben, erfolgt ihre Bekämpfung am besten über die Ansiedlung und Unterstützung von Schwalben und Fledermäusen.

Auch diese Insekten sind meistens unerwünscht

- Weiße Fliege
- Trauermücken
- Maikäfer
- Gartenlaubkäfer
- Apfel- und Pflaumenwickler
- Erdflöhe
- Erdbeerblütenstecher
- Ameisen
- Faltenwespen
- Borkenkäfer

1

3

2

2

Garten-gestaltung

für das Insektenparadies

Insektenfreundliche Gartengestaltung

< Pflegeleichter Ziergarten ohne Insekten

∨ Genauso pflegeleicht, aber viel insektenfreundlicher.

Der aktuelle Trend in der Gartengestaltung geht klar in Richtung pflegeleicht. Je weniger Pflanzen und je mehr Zierkiesel, Beton und Schotter, desto besser. Es ist logisch, dass damit keine Naturoasen und -erlebnisse kreiert werden. Dass sämtliche Tiere, inklusive Insekten, dort nicht leben können, wird als Nebenwirkung hingenommen. Aber gibt es keine Alternative? Geht nicht auch pflegeleicht UND insektenfreundlich? Vorab: Zierkieselgärten sind eigentlich gar nicht so pflegeleicht, wie viele denken. Zwischen den Kieseln sammelt sich Mulm, der sich schwer entfernen lässt und in dem Unkraut aufkommt. Auf den Kieseln wachsen Algen und Moos. Das überpflegte Aussehen zu erhalten, erfordert regelmäßige Arbeitseinsätze und wird oft durch Chemikalien erreicht.

Kleine Änderungen mit großer Wirkung

Bodendecker

Sie sind die perfekte Alternative zu Zierkieseln. Ein guter Bodendecker unterdrückt aufkommendes Unkraut effektiv, muss nur einmal im Jahr geschnitten werden und ist insektenfreundlich. Storchschnäbel wie der Blut-Storchschnabel sind eine gute Wahl.

Blumenrasen

Zierrasen ist anspruchsvoll und nichts spart so viel Arbeit wie eine weniger fanatisch durchgeführte Rasenpflege. Seltener den Rasenmäher laufen und Weißklee einfach wachsen lassen – das spart Zeit und ist gut für Insekten.

Bienenfreundliche Pflanzen

Sterile Zierpflanzen wie Ball- und Bauernhortensien sind ein Hingucker, aber für Insekten nutzlos. Wenn es schon eine Hortensie sein soll, dann lieber die ebenso üppige Rispen-Hortensie. Noch besser wären aber einheimische Blumen und Sträucher.

Sichtschutz in schön

Ein duftendes Geißblatt und eine Kletterrose an den Stabmattenzaun gesetzt, schon braucht es die unansehnlichen Plastikstreifen nicht mehr. Die Mehrarbeit beträgt höchstens einen leichten Rückschnitt im Jahr, dafür sieht es schöner aus und ist toll für Insekten.

Ein natürlicher Sichtschutz bietet mehr Vor- als Nachteile.

Der Hausbaum

Hausbäume sind ein bisschen in Ungnade gefallen, weil sie etwas tun, was nicht erlaubt ist: Sie verlieren Blätter, die dann unschön in der Auffahrt und auf dem Rasen herumliegen. Manchmal landen sie sogar in der Dachrinne des Nachbarn. Damit sind vor allem Laubbäume aus vielen Gärten verbannt. Ein herber Verlust für die Insektenwelt, für die sie herausragend wichtig sind. Gibt es dennoch eine Zukunft für Hausbäume? Neben dem Nachteil des Laubabwurfs bringen Bäume eine lange Liste von Pluspunkten mit.

Vorteile eines Hausbaums

- spendet Schatten
- kühlt im Sommer die Luft ab
- bietet Versteckmöglichkeiten für Insekten und Vögel
- bietet Nahrung für Insekten und Vögel
- bietet Nistmöglichkeiten
- reinigt die Luft von Schadstoffen
- reichert die Luft mit Sauerstoff an
- bindet CO_2
- Obstbäume liefern Früchte
- Sichtschutz

Was tun Bäume für Insekten?

Wenn man eine Pflanzenart sucht, die von besonders vielen Insekten als Nahrung verwendet wird, kommt sie wahrscheinlich aus der Kategorie Bäume. Während Jahrtausenden der Evolution haben sich besonders viele Insektenarten an das Leben von und auf den Gehölzen angepasst. Manche fressen ihr Holz, andere die saftigen Blätter. Dabei finden die kleinen Krabbler die richtigen Bäume mithilfe ihres Geruchssinns. Voraussetzung für den Insektenreichtum ist, dass die gemeinsame Entwicklung tatsächlich stattfinden konnte. Das ist bei unseren einheimischen Baumarten der Fall, bei völlig gebietsfremden Bäumen hingegen nicht. Deren Laub, Rinde und Holz ist für die meisten unserer Insekten unbrauchbar. Deshalb lohnt es sich, einen genauen Blick auf das natürliche Verbreitungsgebiet des Hausbaums zu werfen.

Don't

Extravagante Schnittformen: Manche stark in Form geschnittenen Bäume, z. B. die Spiral-Eibe, sind nichts für Insekten. Werden fruchtende Zweige immer wieder abgeschnitten, gehen sie leer aus.

Mehrstämmig gezogene Bäume haben ein besonders natürliches Erscheinungsbild und passen gut zu blühenden Bodendeckern.

Insektenlieblinge

Verschiedene Weidenarten, Linde, Birke, Bergahorn, Apfelbaum, Espe, Vogelbeere und Co. sind wahre Insektenmagnete. Ihre Blüten locken Bienen, Schmetterlinge, Fliegen und Käfer in großen Mengen an. Daneben spielen Holz und Blattwerk eine wichtige Rolle als Nahrung und Kinderstube.
Spitzenreiter unter den Insektenbäumen ist die Stiel-Eiche, von der Hunderte von Schmetterlingsarten, zahlreiche Käferarten, Blatt- und Gallwespen und viele weitere Insekten leben. Das Getummel auf ihr wird umso artenreicher, je älter sie ist. Junge Bäume sind zunächst vergleichsweise artenarm.

Kleiner Garten, großer Baum?

Selten ist ein Garten groß genug, um eine stattliche Eiche, Linde oder Birke als Hausbaum beherbergen zu können. Meistens sind die Verhältnisse beengt und der vorhandene Platz anderweitig verplant. Ein Grund, sich gegen einen Baum zu entscheiden, ist das aber nicht. Auch für kleine Gärten gibt es geeignete Baumarten und Züchtungen. Wenn nur wenig Platz zur Verfügung steht, bieten sich Doppelnutzungsformen an, also solche, die sowohl insektenfreundlich sind, als auch köstliche Früchte oder Nüsse liefern. Dazu gehören Obstbäume, vor allem Apfel-, Birnen-, Kirsch- und Pflaumenbäume. Es gibt verschiedenste Sorten, die klein bleiben, wenn sie auf schwachwüchsige Unterlagen veredelt werden. Natürlich ist der Doppelnutzen kein Muss. Zu den beliebten Zierbäumen mit überschaubarem Wuchs gehören unter anderem Kugel-Ahorn und Eingriffeliger Weißdorn. Eine weitere Alternative stellen Säulen-Bäume dar. Es gibt sie als natürliche Wuchsform und als Zuchtvariante normaler Bäume. Darüber hinaus bieten sich schnittverträgliche Baumarten an, allen voran verschiedene Weidenarten. Solche Bäume können als Kopfbäume gezogen werden und sind in kleinen Gärten eine ideale Wahl.

Bäume für Sechsbeiner

Viele Gartenbesitzer greifen zu exotischen Arten, wenn es um den Hausbaum geht. Das ist nicht die beste Wahl für Insekten und für die Attraktivität des Gartens nicht unbedingt nötig. Einige der schönsten und beliebtesten Bäume sind nämlich einheimischen Ursprungs oder schon seit Jahrtausenden in unseren Bauerngärten eingebürgert und somit äußerst insektenfreundlich. Sie sind in der Regel pflegeleicht, an unsere Klimaverhältnisse angepasst und häufig sogar naschgartentauglich.

Für den kleinen Garten 1

Die Kornelkirsche ist ein kleiner bis mittelgroßer Baum, der sehr schnittverträglich ist und sogar als Strauch gezogen werden kann. Ihre gelben Blüten öffnen sich schon zum Ausgang des Winters, was sie zu einer der ersten und wichtigsten Bienenweiden macht. An den Standort stellt sie keine großen Ansprüche, bevorzugt aber einen nährstoffreichen Boden in sonniger bis halbschattiger Lage. Obwohl sie pflegeleicht ist, ist ein gelegentliches Beschneiden förderlich für die Blütenbildung, Gesundheit und Optik des Baums. Ihre Früchte sind essbar und schmecken auch manchen Insektenarten gut.

Großer Hausbaum 2

Die Vogelbeere ist auch unter dem Namen Eberesche bekannt. Sie ist ein mittelgroßer Baum mit gefiederten Blättern und doldenartigen Blütenständen. Im Herbst leuchten ihre roten Früchte schon von Weitem, bevor sie in den Schnäbeln hungriger Vögel verschwinden. Der Baum eignet sich für leichte und durchlässige Böden, auf denen anspruchsvollere Baumarten weniger gut gedeihen. Auf der gesamten Eberesche finden viele Insektenarten Nahrung, sowohl in Form von Pollen und Nektar als auch in Form von Blättern und Holz.

Doppelter Nutzen 3

Die Kulturbirne ist ein Alleskönner. Unter den zahllosen Zuchtsorten und Veredlungsformen findet sich mit Sicherheit ein passender Baum für jede Gartengröße und jeden Geschmack. Neben dem regelmäßigen Erhaltungsschnitt hat die Wahl von pilzresistenten Sorten einen großen Einfluss auf die Baumgesundheit. Insbesondere der Birnengitterrost kann den Birnbaum sonst erheblich schwächen. Während die Früchte direkt oder verarbeitet verspeist werden können, bleibt der Rest des Baums den Insekten vorbehalten.

Statementbaum 4

Die Trauerbirke, eine Form der Hängebirke, zeichnet sich durch einen stark überhängenden Wuchs aus, der ihr ein elegantes, regelrecht romantisches Aussehen verleiht. Mit ihrer weißen Rinde wird sie in jedem Garten zum absoluten Blickfang. Trauerbirken werden fünf bis sieben Meter hoch und aufgrund ihrer ausladenden Wuchsform oft ebenso breit. An den Boden stellen sie nur geringe Ansprüche und wachsen selbst an moorigen Standorten gut. Für die Insektenwelt sind sie ebenso wertvoll wie die Wildform der Hängebirke.

1

2

3

4

Blumenrasen & Blumenwiese

Der Zierrasen ist nach wie vor beliebt. Blickdicht, ultrakurz, frei von jeglichen Blümchen, selbst frei von nicht erlaubten Gräsern. So umgibt er ein top gepflegtes Haus und zeugt von Ordnungsliebe und Tüchtigkeit. Kein Nachbar, kein Besuch könnte sich über ein solch adrettes Aussehen beschweren. Oder etwa doch? Inzwischen ist es gesellschaftlich nicht mehr uneingeschränkt akzeptiert, sich die Natur ohne Rücksicht auf Verluste Untertan zu machen. Die Auswirkungen unserer massiven Eingriffe in die Umwelt machen sich bemerkbar. Das betrifft insbesondere die Land- und Forstwirtschaft, doch genau genommen ist der Zierrasen ein Sinnbild im Kleinen für unseren Umgang mit der Natur. Es ist Zeit, umzudenken und ein bisschen mehr Artenvielfalt zuzulassen.

Ein Zierrasen ist für Insekten eine No-Go-Area.

Pflegeintensiv

Ein echter Zierrasen ist ein hochgradig künstliches und ökologisch instabiles Produkt. Im Garten tun sich rund um die Uhr alle Naturelemente und Lebewesen zusammen, um diese unnatürliche und ungesunde Monokultur in ein gesundes, artenreiches Ökosystem umzuwandeln. Das lässt sich nur unter großem Aufwand verhindern. Folgende Maßnahmen sind in der Regel notwendig, damit der Zierrasen bleibt wie er ist:

- häufiges Mähen (oft mit Mähroboter)
- häufiges Bewässern (Wasserverschwendung)
- düngen mit Stickstoff (belastet das Trinkwasser)
- düngen mit Eisendünger
- eventuell Kalk gegen Moos
- Herbizide gegen „Unkraut"
- Bekämpfung von Ameisen (meistens mit chemischen Insektiziden)
- Bekämpfung von Wurzelschädlingen und Wühlern mit Pestiziden

Pflegeleicht ist das nicht und Insekten tun gut daran, wenn sie ganz schnell das Weite suchen.

Blumenrasen

Ein Rasen könnte aber auch entspannter, pflegeleichter und natürlich insektenfreundlicher sein. Das Ausbringen von Kunstdünger, Herbiziden, Insektiziden und Co. kann man sich nämlich sparen. Nicht mal ein hochwertiger Mutterboden ist nötig, es reicht der ganz normale Boden, der schon da ist. Bewässerung ist Gewissenssache. Wer es nicht aushält, wenn der Blumenrasen im Sommer braun wird, kann

Das Ergenbis entspannter Rasenpflege ist bunt.

Wilde Blumenwiesen statt großer Zierrasenflächen

ab und zu ein wenig sprengen, nötig ist es aber nicht. Bleibt noch das Mähen. Ohne Dünger und Bewässerung ist das Wachstum der Rasenpflanzen eingeschränkt, sodass nur noch ein paar Mal im Jahr gemäht werden muss. Mit dieser Pflege entsteht sozusagen von alleine ein artenreicher Blumenrasen. Meistens wachsen Weißklee, Habichtskraut, Spitzwegerich, Gamander-Ehrenpreis, Kleine Braunelle und Gänseblümchen ohne unser Zutun. Wenn nicht, hilft eine Nachsaat mit diesen hübschen Arten.

Ein Blumenrasen ist ein Eldorado für Wildbienen. Die Wildblumen darin haben es in sich. Sie sind zwar klein, produzieren aber Pollen und Nektar für die verschiedensten Wildbienen von groß bis ganz klein. Und das vom zeitigen Frühjahr bis weit in den Spätherbst hinein. Oder wusstet ihr, dass Gänseblümchen fast das ganze Jahr blühen?

Blumenwiese

Wer es noch etwas wild-romantischer mag, der kann seinen Rasen sogar ganz oder teilweise in eine Blumenwiese umwandeln. Aber Achtung! Das häufig empfohlene bloße Ausmagern eines Rasenstücks führt noch nicht zu einer üppig blühenden Blumenwiese, weil die Samen der Wiesenblumen noch nicht vorhanden sind. Sie müssen erst ausgesät werden, damit sich eine Blumenwiese entwickeln kann. Dazu ist meistens das vorherige Umgraben und damit die Neuanlage der Fläche nötig. Ist sie einmal angelegt, macht sie kaum noch Arbeit und wird nur noch ein- bis dreimal im Jahr gemäht. Auf ihr summen und zirpen die Insekten ihre Sommerlieder. Neben Wildbienen kommen viele Schmetterlinge, Grashüpfer, Käfer, Zikaden und Schwebfliegen vorbei.

Do!

Moos macht sich auch in Blumenrasen und -wiesen breit. Deswegen ist eine leichte Kalkung im Frühling ab und zu erlaubt. Es schadet den Pflanzen und Tieren nicht und verhindert eine Verdrängung der Blumen durch das Moos.

Blumen für Rasen und Wiese

Der große Unterschied zwischen Blumenrasen und Blumenwiese ist die Nutzung. Während ein Blumenrasen begehbar sein soll, ist die Blumenwiese ein kleines Naturschutzgebiet, das möglichst wenig betreten wird. Dementsprechend muss vorher überlegt werden, wie die Nutzung der Fläche aussehen soll und ob bei ausreichend Platz ein „verkehrsberuhigter" Bereich eingerichtet werden kann.
Neben der Nutzung unterscheiden sich die beiden aber auch in der Schnitthäufigkeit. Der Blumenrasen wird alle paar Wochen gemäht, damit er begehbar bleibt, die Wiese je nach Wuchskraft nur ein- bis dreimal im Jahr – je stärker, dichter und höher sie wächst, desto öfter. Im Sinne der Insekten werden beide abschnittsweise gemäht, erst eine Hälfte des Rasens bzw. der Wiese, ein paar Tage oder Wochen später die andere. So sind nicht alle Blüten von einem auf den anderen Tag verschwunden.
Last but not least unterscheiden sich Blumenrasen und -wiese in der Artenzusammensetzung.

Weißklee 1

Eine der häufigsten Blumenarten im Rasen ist der Weißklee. Bei vielen Gärtnern ist er unbeliebt, weil seine Blüten wahre Bienenmagnete sind, wodurch die Gefahr besteht, sich beim Barfußlaufen einen schmerzhaften Stich einzufangen. Im Insektengarten freuen wir uns über ihn und ziehen uns vorsorglich Schuhe an. Weißklee ist sehr schnittverträglich und bildet den ganzen Sommer über neue Blüten.

Kleine Braunelle 2

Die Kleine Braunelle wird auch Bienenkorb genannt, womit ihr Nutzen für den Insektengarten bereits klar ist. Die nur 5 bis 25 cm hohe Pflanze ist sehr robust und kommt mit den verschiedensten Gartenböden zurecht. Allerdings leidet sie unter überdüngtem Boden, weil sie dann von anderen Pflanzenarten verdrängt wird.
Die Mähintervalle sollten nicht zu kurz sein, damit ihre Samen ausreifen und sie sich selbstständig aussäen kann.

Gewöhnlicher Hornklee 3

Hornklee gehört, wie der Weißklee, zu den Schmetterlingsblütlern. Die gesamte Pflanzenfamilie hat ein Herz für Bienen, deshalb ist auch der Hornklee eine Bienenweide. Daneben macht er seinem Familiennamen alle Ehre: Seine Blüten werden von zahlreichen Schmetterlingsarten besucht, der Rest der Pflanze ist Futter für die Raupen von bis zu 30 Arten. Hornklee gedeiht sehr gut in Blumenwiesen, die zweimal im Jahr gemäht werden.

Karthäusernelke 4

Die Karthäusernelke eignet sich hervorragend für sommertrockene Blumenwiesen, die nicht oder nur selten gegossen werden. Sie meidet stickstoffreiche Böden, wo sie verdrängt wird, gedeiht aber auf als schwierig geltenden, sandigen Gartenböden und magerem Lehm. Sie ist beliebt bei Tag- und Nachtfaltern.

1

2

3

4

Staudenbeete für Insekten

Eine Kombination aus Schönheit und Insektenfreundlichkeit – so ließen sich Staudenbeete beschreiben, bei denen gezielt auf den Nutzen für Wildbienen und Schmetterlinge geachtet wird. Gefüllte und sterile Blüten sucht man hier vergebens, ebenso exotische Ziergräser. Stattdessen kommen Blumen zum Einsatz, die reichlich Pollen und Nektar produzieren. Ein gut geplantes Insektenbeet blüht vom Frühjahr bis zum Herbst.

Planung

Ob insektenfreundlich oder nicht, ein Staudenbeet wird eigentlich immer nach demselben Schema angelegt. In die Mitte oder den Hintergrund kommen die sogenannten Leitstauden. Sie sind die prachtvollsten und größten im Beet und werden meistens einzeln in Szene gesetzt, dürfen sich aber an mehreren Stellen wiederholen.
Um die Leitstauden herum gesellen sich die Begleitstauden. Sie sind etwas kleiner und werden in Grüppchen gepflanzt.
Die noch verbliebenen freien Flächen, vor allem im Vordergrund, werden mit Bodendeckern (und optional mit Frühblühern) gefüllt. Sie verhindern, dass dort zu viele Gräser und Kräuter wachsen, die im Staudenbeet eher unbeliebt sind. Aber Achtung! Viele Wildbienen, die an den Stauden Nektar und Pollen sammeln, brauchen offene Stellen am

Ein Sommerbeet mit Oregano, Malven und Co. bietet Hummeln, Honigbienen und Schmetterlingen ein reiches Buffet.

Im Herbst sind Astern und Fetthennen oft die letzten Nektarspender im Staudenbeet.

Boden, damit sie ihre Nistgänge in die Erde graben können. Lasst ihr ein paar kleine Bereiche unbepflanzt und haltet diese auch gras- und unkrautfrei, ist das die perfekte Nisthilfe für bodenbrütende Wildbienen.

Pflanzenwahl

Welche Stauden für ein Insektenbeet am besten geeignet sind, hängt nicht nur von deren Angebot an Pollen und Nektar ab. Ebenso wichtig ist die Berücksichtigung der Standortverhältnisse. Wie viel direktes Sonnenlicht bekommt das Beet? Ist der Boden überwiegend feucht oder sehr trocken? Ist er ausgelaugt oder eher überdüngt, sandig, lehmig oder sogar reich an Ton? Diese Angaben helfen, von Anfang an die passenden Blumen zu finden. Böse Überraschungen, wie ein vor sich hin kümmerndes Staudenbeet und absterbende Pflanzen, bleiben einem dadurch erspart.

Sind diese Vorüberlegungen gemacht, können die einzelnen Stauden nach ihrer Insektenfreundlichkeit ausgewählt werden. Nicht jede einzelne Pflanze muss sämtliche Kriterien erfüllen, aber in der Summe sollte das Staudenbeet unterschiedliche Blumenarten mit folgenden Eigenschaften beherbergen:

- viel Nektar
- viel Pollen
- hohle Stängel
- markhaltige Stängel
- Raupenpflanzen
- dicht behaarte Blätter (nur für sonnige Staudenbeete)

Gartencenter und Baumärkte haben zwar meist als bienenfreundlich beworbene Blumen im Sortiment, robuster und langlebiger sind aber solche aus Bio- und Naturgärtnereien. Schwieriger wird die Suche nach Raupenpflanzen für den Schmetterlingsnachwuchs. Deshalb zeigt das Musterbeet auf Seite 32 ein insektenfreundliches Staudenbeet speziell für Schmetterlinge.

Don't

Stark gefüllte Blüten besitzen ein Vielfaches an Blütenblättern – auf Kosten der pollen- und nektarproduzierenden Blütenbestandteile. Solche Blüten sind oft steril, Bienen und Schmetterlinge gehen leer aus. Aber auch normal aussehende Blüten können durch Züchtung steril sein.

Schmetterlingsbeet

Staudenbeete für Schmetterlinge konzentrieren sich meistens auf nektarreiche Blüten, die von den bunten Faltern gern aufgesucht werden. Wie wäre es mal mit einem Beet, das nicht nur Nektarbar, sondern gleichzeitig Kinderstube ist?
Das ist einfacher gesagt als getan, denn viele schöne Schmetterlinge nutzen Pflanzen, wie Brennnessel, Ampfer, Gräser oder Schlehe, als Raupenfutter. Für diese Pflanzen findet sich im Insektengarten ebenfalls Platz, aber attraktive Staudenbeete lassen sich damit schwer gestalten. Ein paar Blumen gibt es dennoch, die sowohl schön als auch Raupenfutter sind.

Leitstauden

Fenchel: Die Raupenpflanze des Schwalbenschwanzes ist mit seinen bis zu zwei Metern Höhe recht imposant und als Leitstaude geeignet. Es wird am besten eine Gewürzfenchel-Sorte verwendet.
Schmalblättriges Weidenröschen: Auch diese beeindruckende und auffällige Staude kann bis zu zwei Metern hoch und als Leitstaude eingesetzt werden. Eine Rhizomsperre ist nötig. Von ihm ernähren sich die Raupen des Mittleren Weinschwärmers.

Begleitstauden

Großer Ehrenpreis: Als rund 50 bis 60 cm hoch wachsende Pflanze kommt der Große Ehrenpreis als Begleitstaude zum Einsatz. An seinen Blättern knabbern verschiedene Scheckenfalter, darunter der Rote Scheckenfalter.
Echtes Labkraut: Das Echte Labkraut ist eine wichtige Schmetterlingspflanze und wird meist

Ein Beet für Raupen und Falter

Kasten-/Beetfläche: 200 x 100 cm

1. Reihe: 12 x Duft-Veilchen

2. Reihe: 5 x Gewöhnlicher Hornklee und 7 x Echtes Labkraut, bogenförmig um die Leitstauden

3. Reihe: je 1 x Fenchel und Schmalblättriges Weidenröschen, dazwischen 5 x Großer Ehrenpreis. Um den Fenchel etwas Fläche frei lassen.

4. Reihe: 6 x Duft-Veilchen

Schmalblättriges Weidenröschen
(Epilobium angustifolium)

Großer Ehrenpreis
(Veronica teucrium)

30 bis 50 cm hoch. Sie wird ebenfalls als Begleiterin und in kleinen Gruppen gepflanzt. Das Taubenschwänzchen und der Kleine Weinschwärmer legen hier ihre Eier ab.
Gewöhnlicher Hornklee: Die letzte Schmetterlingsbegleitstaude ist der rund 30 cm hohe Hornklee. Er ist Futterpflanze für verschiedene Widderchen und Bläulinge, vor allem des Hauhechel-Bläulings.

Bodendecker

Duft-Veilchen: Aufgrund der geringen Höhe von nur 10 bis 20 cm und der Ausläuferbildung ist das Duft-Veilchen ein guter Bodendecker. Es ist eine Raupenpflanze für Perlmutterfalter.

001 **Hier findest du weitere Pflanzen,** die Schmetterlinge und andere Insekten besonders lecker finden.

Echtes Labkraut *(Galium verum)*

Das Eins-für-alle-Beet

Wildbienen, Schmetterlinge, Käfer, Schwebfliegen – in diesem Beet kommen alle auf ihre Kosten. Es ist so zusammengesetzt, dass es möglichst vielen Insekten Nahrung bietet, und das sieht und hört man!
Das Geheimnis hinter der besonderen Anziehungskraft dieser Bepflanzung sind die einheimischen Blumen und Sträucher. An diese sind sehr viele Insektenarten bestens angepasst. Reich mit Nektar und Pollen gefüllte Blüten sorgen daneben für eine reges Kommen und Gehen von großen und kleinen Wildbienen.

Leitstauden

Besenginster: Der bis zu zwei Meter hohe und einen Meter breite Strauch wird wie eine Leitstaude eingesetzt. An seinem Kraut fressen mehr als 50, meist unscheinbare, Schmetterlingsarten. Seine pollenreichen, leuchtendgelben Blüten werden intensiv von Hummeln und Wildbienen besucht.
Essig-Rose: Die Essig-Rose wird ähnlich groß und breit wie der Ginster und wird ebenfalls wie eine Leitstaude eingesetzt. Bis zu 40 Wildbienen sammeln hier Nektar und Pollen, außerdem Käfer und Schwebfliegen. Rund 40, meist unscheinbare, Schmetterlingsarten können sie als Raupenfutter nutzen.

Begleitstauden

Wiesen-Flockenblume: Sie ist eine der wertvollsten Wiesenblumen und in diesem Beet

Ein Beet für alle Insekten

Kasten-/Beetfläche:
250 x 200 cm

Im hinteren Bereich:
2 x Besenginster,
1 x Essig-Rose und
3 x Echter Dost

Im mittleren Bereich:
6 x Wiesen-Flockenblume
und 3 x Färberkamille

Im Vordergrund:
Sand-Thymian als Saatgut ausbringen, er dient als Bodendecker auch in freien Zwischenräumen

Färberkamille *(Anthemis tinctoria)*

Echter Dost *(Origanum vulgare)*

eine Begleitstaude. Ihre Blüten werden von knapp 100 Wildbienenarten besucht. Rund 40 Schmetterlingsarten nutzen sie, einige davon als Raupenfutter.

Färberkamille: Diese leuchtend gelb blühende Begleitstaude wird von von erstaunlich vielen Wildbienen besucht, insbesondere von solchen, die auf Korbblütler spezialisiert sind.

Echter Dost: Oregano als aromatisches Küchengewürz kennt wohl jeder. Weniger bekannt ist seine große Bedeutung für die vielen Bienen und Schmetterlinge, denen er als Nektarbar und Raupenfutter dient.

Bodendecker

Sand-Thymian: Dieser niedrige Bodendecker ist eine hervorragende Bienenweide. Daneben kommen viele Schmetterlinge vorbei, für manche Bläulinge ist er außerdem Raupenfutterpflanze.

Do!

Lege dieses Beet an einem sonnigen Plätzchen an. Flockenblume, Färberkamille, Dost und Thymian blühen länger bzw. öfter, wenn du Verblühtes abschneidest und so die Pflanzen zu neuer Blütenbildung anregst.

Insektenfreundliche Stauden für Halbschatten & Schatten

Schattige Ecken im Garten gelten als schwierig, weil sie mit der Blütenpracht sonniger Beete nicht mithalten können. Dafür verantwortlich ist nicht nur der Lichtmangel, unter Bäumen macht ihnen außerdem ein ausgelaugter und oftmals trockener Boden zu schaffen. Trotzdem werden sie von vielen Insektenarten bevorzugt. Sie warten nur darauf, dass wir unsere schattigen Ecken ebenso liebevoll und insektenfreundlich gestalten wie den Rest des Gartens. Zum einen braucht das Schattenplätzchen Totholz und Laub. Beides ist Futter, Unterschlupf, Kinderstube und Winterquartier für unzählige kleine Schattenkrabbler. Mit dem Laub ist es ganz einfach: Darf es liegen bleiben, wird es über den Winter zu Humus. Dieser reichert den ausgelaugten Boden mit Nährstoffen an und speichert Wasser. Totholz trägt in Form von abgelegten Ästen und Baumstümpfen zum Artenreichtum bei. Zum anderen braucht es die richtige Bepflanzung. Sie soll nicht nur attraktiv sein, sondern muss an die reduzierte Lichtmenge angepasst sein, damit das Beet nicht zur Enttäuschung wird.

Wald-Geißbart 1

Der Wald-Geißbart eignet sich als Leitstaude für halbschattige und schattige Plätze mit mindestens vier Stunden Sonne täglich. Der Blütenstand besteht aus zahlreichen, kleinen, cremeweißen Einzelblüten. Sie locken vor allem Wildbienen, Käfer und Schmetterlinge an. Er benötigt humus- und nährstoffreiche Böden und bei längerer Trockenheit regelmäßig Wasser.

Waldmeister 2

Die wohlriechende Pflanze ist zwar bekannt, aber viel zu selten in Gärten anzutreffen. Dabei eignet sich Waldmeister mit seinem sternförmigen Laub und den weißen, filigranen Blüten hervorragend als Bodendecker für Schattenbeete. Er ist Raupenfutter für mehrere Schmetterlingsarten, die Blüten werden von Wildbienen und Fliegen bestäubt.

Geflecktes Lungenkraut 3

In der Mulmschicht unter Bäumen fühlt sich das Gefleckte Lungenkraut ausgesprochen wohl. Die Blüten, die sich von rot über violett zu blau verfärben und die attraktiv gefleckten Laubblätter machen es zu einem Blickfang. Wie so viele andere Raublattgewächse auch produziert es reichlich Nektar und Pollen und ist bei Wildbienen äußerst beliebt.

Vielblütige Weißwurz 4

Ein schattiges Staudenbeet ist genau der richtige Platz für die schöne Vielblütige Weißwurz. Sie eignet sich sowohl als Begleit- als auch als Leitstaude. Ihre glockenförmigen Blüten werden vor allem durch Hummeln und andere Wildbienen bestäubt.

1

2

3

4

Insektenfreundliche Blumen für den Frühling

Im Frühling geht es plötzlich ganz schnell. Eben war es noch kalt und ungemütlich, doch schon am ersten milden Tag kommen Hummelköniginnen aus ihren Verstecken und suchen nach einem stärkenden Schluck Nektar. Dafür brauchen sie nicht nur Vorfrühlings-Blüher, diese müssen auch enthalten, wonach sie suchen. Fündig werden sie meistens bei Zwiebelstauden oder Pflanzen mit einem anderen unterirdischen Speicherorgan. Der Trick dieser Pflanzen: Sie speichern die Energie der Sonne und rufen sie ab, wenn andere Pflanzen noch im Winterschlaf sind. Dadurch können sie fast konkurrenzfrei wachsen, blühen und wieder neue Energie in ihren Zwiebeln oder Knollen einlagern. Ihre Blühphase ist auf einige Wochen begrenzt, danach verschwinden die Blüten mitsamt den Laubblättern. Das hat den Vorteil, dass wir sie bedenkenlos in jede bestehende Beetbepflanzung setzen können. Die Blütezeit des gesamten Staudenbeetes wird somit vorgezogen und insgesamt deutlich verlängert. Allenfalls bei der Düngung sollten wir die zusätzlichen Zehrer berücksichtigen und ihnen vor dem Austrieb schon mal eine Portion Kompost oder anderen organischen Dünger gönnen.

Winterling 1

Der Winterling ist eine der ersten Bienenweiden und kann als Frühlingsbodendecker an alle sonnigen und halbschattigen Standorte mit nährstoffreichem Boden gepflanzt werden. Seine leuchtend gelben, nektar- und pollenreichen Blüten öffnet er von Januar bis März. Sie werden von vielen frühen Wild- und Honigbienen besucht.

Elfen-Krokus 2

Der Elfen-Krokus gedeiht auch auf weniger nährstoffreichen Böden sowohl an sonnigen als auch schattigen Standorten. Als Wild-Krokus samt er sich sehr gut aus und bildet dichte Teppiche. Er ist von Februar bis April für Wildbienen eine wichtige Nektar- und Pollenquelle.

Zweiblättriger Blaustern 3

Im März und April zeigen sich die kräftig blauen Blüten des Zweiblättrigen Blausterns. Er gedeiht am besten an sonnigen bis halbschattigen Plätzen, die im Frühjahr nicht zu sehr austrocknen und reich an Humus sind. Da er sich meist langsamer ausbreitet, ist er ein guter Frühlingsbodendecker für streng begrenzte Beete.

Hohler Lerchensporn 4

Der Hohle Lerchensporn wächst dort am besten, wo er im Frühling genug Sonnenlicht bekommt, also unter Laubbäumen und -hecken. Er ist ein wunderbarer Bodendecker, der sich durch Selbstaussaat und Tochterknollen ausbreitet. Seine mit reichlich Pollen gefüllten Blüten sind zwar für langrüsselige Insekten gedacht, aber Hummeln beißen sie seitlich auf, um an das nahrhafte Innere zu gelangen.

1

2

3

4

Ein Zuhause für Wasserinsekten

Ein Teich lässt die Insektenvielfalt im Garten steigen. Kein Wunder, denn nun finden hier auch Insekten ein Zuhause, die für ihre Fortpflanzung auf Wasser angewiesen sind. Wer hätte nicht gerne hübsche Libellen in seinem Garten herumschwirren? Aber nicht in jedem Teich können sich die attraktiven Tiere erfolgreich vermehren. Was muss man als Insektenfreund beachten?

Fische

Ein Gartenteich ohne Fische – ist das vorstellbar? Sie sind meistens der Grund, warum ein Teich angelegt wird, aber leider haben es Libellenlarven und andere Wasserinsekten schwer, den hungrigen Fischmäulern zu entkommen. Das liegt auch daran, dass Gartenteiche oft stark überbesetzt sind. Allenfalls in sehr flachen und dichten Sumpfzonen

Schwimmkäfer, Libellen- und Köcherfliegenlarven sind nur einige der zahlreichen Bewohner fischfreier Gartenteiche.

Mein Tipp

Gegen Mückenlarven hilft eine sonnige Lage und eine Mindestgröße von einem Kubikmeter. In solchen Teichen gibt es mehr Libellenlarven, Schwimmkäfer und Rückenschwimmer, die Mückenlarven allesamt zum Fressen gern haben.

hätten die Larven der bunten Flugkünstler eine Chance. Aber wieso nicht einfach mal ausprobieren, was ein Teich ohne Fischbesatz zu bieten hat? Auch dort ist immer etwas los! Prächtige Libellen, Schwimmkäfer und viele andere Sechsbeiner finden sich ein. Dazu kommen Molche, Kröten und Frösche, die auf fischfreie Gewässer zur Eiablage angewiesen sind. Positiver Nebeneffekt: Ohne Fische und Fischfutter bleibt das Wasser von alleine klar.

Technik

Filter und Belüfter sind in einem fischfreien Gartenteich unnötig. Für die Insekten ist das doppelt gut, weil sie weder in hungrigen Mäulern noch in Filtern landen, aus denen es kein Entkommen gibt.

Sonderfall Pool

Ein Swimmingpool ist zwar ein Gartengewässer – allerdings ein totes. Insekten sollen darin nicht leben und können es wegen des Chlors auch nicht. Aber muss es immer der blaue Standardpool sein? Die natur- und insektenfreundliche Alternative ist ein Schwimmteich mit tiefem Schwimmbereich und flacher Uferzone, in der Pflanzen wachsen und Insektenlarven leben können. Die perfekte Kombination aus Schwimmspaß und Biotop.

Miniteiche sind flexibel, günstig und schnell aufgebaut.

Im Schwimmteich reinigen Uferpflanzen das Wasser.

Miniteich anlegen

für Wasserinsekten

Gefäß aufstellen

Pflanzen eintopfen und arrangieren

Mit Wasser befüllen, fertig!

Egal ob groß oder klein, für einen Miniteich findet sich in jedem Garten ein Plätzchen. So ein künstliches Kleingewässer muss kein reines Deko-Objekt sein, sondern kann auch ökologische Funktionen erfüllen. Die Vielfalt der Wasserinsekten hält sich wegen der geringen Größe im Miniteich zwar in Grenzen, dafür liegt der Fokus ganz bei der Bepflanzung mit blütenreichen und attraktiven Insektenmagneten.

Step 1

Ein wasserdichtes und stabiles Gefäß wird zunächst gründlich mit heißem Wasser und einer Bürste gereinigt. Anschließend wird es an der Stelle platziert, wo der Miniteich seinen endgültigen Platz findet. Auf unebenem und weichem Untergrund, z. B. Rasen, solltest du noch eine stabile und feste Unterlage verwenden. Vor dem Befüllen sollte das Gefäß in Waage ausgerichtet sein, damit der Wasserspiegel überall gleich hoch ist.

Step 2

Für ein gesundes Pflanzenwachstum wird im nächsten Schritt das Pflanzsubstrat etwa 5 cm tief eingefüllt. Dafür eignet sich leicht lehmige, mit etwas Kompost angereicherte Gartenerde. Als Alternative kann auch Blumenerde verwendet werden. Darüber wird eine Abdeckschicht aus gewaschenem Sand, Kies oder Schotter mehrere Zentimeter hoch ausgebracht. Sie verhindert das übermäßige Ausschwämmen von Nähr- und Trübstoffen sowie von organischem Material.

Step 3

Im dritten Schritt folgt die Bepflanzung. Dazu werden verschieden hohe Zonen geschaffen, am besten mit Blumentöpfen. Blutweiderich, Wasserminze, Wasserdost, Sumpfdotterblume, Schwertlilie und Schwanenblume sind für die Pflanzung im Randbereich in jeweils einzelnen, mit Substrat und Deckschicht befüllten Töpfen geeignet. Eine Zwergseerose kann direkt in das Substrat am Grund gepflanzt werden.

Step 4

Nun wird das Wasser vorsichtig eingefüllt. Die Trübung des Wassers verschwindet in der Regel nach einigen Tagen. Wenn nicht, kann ein einmaliger Wasserwechsel vorgenommen werden. In der weiteren Pflege wird nun regelmäßig verdunstetes Wasser nachgefüllt. Im nächsten Frühling können die Pflanzen vor dem Austrieb vereinzelt, verkleinert, ausgedünnt und bei Bedarf neu arrangiert werden. Eine Düngung mit Düngetabs oder -kugeln verhindert Nährstoffmängel.

Insektenfreundliche Sumpf- und Wasserpflanzen

Der Gartenteich ist Lebensraum für Libellen und Schwimmkäfer, das heißt aber nicht, dass er eine bienenfreie Zone ist. Ganz im Gegenteil, hier wachsen einige der ertragreichsten Nektar- und Pollenquellen, was sowohl Wild- als auch Honigbienen fleißig nutzen. Unter den Pflanzen der Sumpfzone gibt es sogar viele Raupenpflanzen für Nachtfalter.
Wie gut, dass Sumpf- und Wasserpflanzen ausgesprochen pflegeleicht und anpassungsfähig sind - die meisten gedeihen sowohl im Miniteich als auch im richtigen Gartenteich. Ist dafür kein Platz, bietet sich ein Sumpfkübel an, ein Blumenkübel oder ein anderes Gefäß ohne Ablauf, dafür mit viel Wasser und etwas Erde. Als Substrat genügt einfache, lehmige Gartenerde. Weil Sumpf- und Wasserpflanzen meist sehr ausbreitungsfreudig sind, sollten sie bei einer Pflanzung im Teich ebenfalls in einen Topf gesetzt werden. So wuchern sie nicht übermäßig. Nur wenn sie im Wachstum deutlich schwächeln und kleine, sehr blasse Blätter bekommen, ist eine Düngung mit speziellem Teichdünger angebracht der in Wurzelnähe ins Substrat gedrückt wird. Wird über das Wasser gedüngt, kommt es meist zu unerwünschtem Algenwachstum.

Wasserminze 1

Die Wasserminze wird rund 50 cm hoch und blüht recht spät von Juli bis September. Dadurch ist sie eine wichtige Nahrungsquelle in dieser eher blütenarmen Zeit. Wildbienen, Fliegen und Schwebfliegen finden sich dann reichlich ein. Die Blätter sind Futter für mehrere Schmetterlingsarten, vor allem Nachtfalter.

Schwanenblume 2

Die Schwanenblume erreicht Höhen von 50 bis 150 cm und eignet sich am besten für Teiche ab 1 m^2 Grundfläche. Die prächtigen Blüten erscheinen nur an nährstoffreichen und vollsonnigen Standorten. Sie werden vor allem von Wildbienen und Schwebfliegen bestäubt.

Gewöhnlicher Blutweiderich 3

Ausgesprochen pflegeleicht ist der Blutweiderich, mit dem sich große und kleine Teiche schmücken lassen. In großen, nährstoffreichen Teichen kann er Tausende Blüten ausbilden, allesamt reichlich mit Pollen und Nektar gefüllt. Sie werden von Wildbienen, Schwebfliegen und Schmetterlingen besucht. Am Kraut fressen mehrere Nachtfalterraupen.

Sumpf-Ziest 4

Der Sumpf-Ziest kann in kleinen Teichen 30 bis 50 cm, in großen Teichen bis zu einem Meter hoch werden. Während der Blütezeit von Juli bis September produziert er vor allem Nektar. Unter den Nachtfaltern nutzt unter anderem die Ziest-Silbereule die Pflanze als Raupenfutter.

1

2

3

4

Wertvolle Hecken

Hecken sind ein fester Bestandteil in vielen Gärten, weil sie die Grundstücksgrenze markieren und Sichtschutz bieten. Für Insekten sind sie von ebenso hoher Bedeutung, sofern ihnen nicht die immer gleichen unverdaulichen Heckenpflanzen präsentiert werden.

Die Thuja- oder Kirschlorbeerhecke

Thuja und Kirschlorbeer sind relativ günstig und das ganze Jahr über blickdicht. Damit erfüllen sie die wichtigsten Kriterien, die viele Gartenbesitzer an eine Hecke stellen. Gerade bei der Thujahecke darf man aber keine hohen Ansprüche an eine schöne Optik haben. Nicht selten wird sie nach einem kräftigen Rückschnitt stellenweise kahl, einzelne Bäume sterben ab und hinterlassen unschöne Lücken. Für Insekten ist so eine Hecke zwar besser als ein Stabmattenzaun mit Plastikeinschub, aber es geht noch deutlich wertvoller.

Das Problem mit Thuja, Kirschlorbeer, Scheinzypresse und Co.: Unsere Insektenwelt ist an diese nicht heimischen Gewächse nicht angepasst. Nur wenige Arten können diesen Pflanzen etwas abgewinnen, meistens sind es Blatt- und Schildläuse, die wir nicht extra unterstützen müssen. Außerdem sind Thuja und Scheinzypresse für Blütenbesucher uninteressant, weil sie keinen Nektar produzieren und die Bestäubung dem Wind überlassen. Auch

Hecke pflanzen

- immergrüne Hecken im Frühling, sommergrüne im Herbst pflanzen
- Abstand zum Nachbarn berücksichtigen
- Pflanzlöcher bzw. -graben ausheben
- Sträucher im empfohlenen Abstand einsetzen
- den Aushub mit Kompost vermischt wieder einfüllen, festtreten und Gießrand formen
- gründlich wässern

Heckenrosen sind schön und nützlich für Insekten.

Frühblüher fühlen sich im Schutz von Hecken wohl.

die Entsorgung des Rückschnitts, die in vielen Gemeinden kostenpflichtig ist, sollte man berücksichtigen. Die Kompostierung im eigenen Garten ist aufgrund der schwer abbaubaren Blätter und Zweige ein Alptraum. Der Kirschlorbeer kommt auch noch mit einem weiteren Problem daher. Er breitet sich unkontrolliert aus – im eigenen und in Nachbars Garten sowie in der Natur, was ihn zu einer invasiven Pflanzenart macht, die einheimische, wertvollere Gewächse verdrängt.

Einheimisch, blickdicht und wertvoll

Ein ganzjähriger Sichtschutz lässt sich ebenso mit einheimischen, schnittverträglichen Sträuchern und Bäumen erreichen, die deutlich mehr für unsere Insektenwelt zu bieten haben. Obwohl sie sommergrün ist und ihr Laub sich im Herbst braun verfärbt, bietet die Rotbuche Sichtschutz rund ums Jahr. Die abgestorbenen Blätter werden erst abgeworfen, wenn im Frühling die neuen bereits nachwachsen. Als Hecke geschnitten blüht die Rotbuche zwar nicht, dafür ist ihr Laub Raupenfutter für über 60 Schmetterlingsarten.
Efeu ist immergrün, ganzjährig blickdicht und schnell wachsend. Er ist äußerst schnittverträglich und lässt sich platzsparend zu schmalen Hecken formen. Als Heckenpflanze muss er zunächst an einem Gerüst bzw. Zaun hochgeleitet werden. Efeu blüht erst im Herbst und ist eine wichtige Nahrungsquelle für Schmetterlinge wie den Admiral für Schwebfliegen und die Efeu-Seidenbiene.
Der Gemeine Liguster wirft sein Laub zwar ab, dennoch bietet sein dichtes Geäst selbst im Winter ausreichend Sichtschutz und er bleibt nahezu blickdicht. Während der Blüte im Juni und Juli ist er eine hervorragende Bienenweide, die auch von Schwebfliegen und Schmetterlingen gern besucht wird. Sein Laub wird unter anderem vom Liguster-Schwärmer gefressen.

Ligusterblüten werden gern vom Schachbrett besucht.

Bunt gemischt für mehr Vielfalt

Was ist besser als eine reine Rotbuchen-, Liguster- oder Efeuhecke? Eine Mischhecke! Je mehr verschiedene Sträucher oder Bäume darin Platz finden, desto größer wird die Artenvielfalt im Garten.
Wenn es um Insekten geht, dann hat eine Mischhecke gegenüber einer Mono-Hecke nur Vorteile. Aufgrund der größeren Vielfalt unter den Nahrungspflanzen, finden deutlich mehr Insektenarten in ihr einen Lebensraum. Die verschiedenen Blühzeiträume der einzelnen Pflanzen verlängern die gesamte Blühdauer der Hecke. Das ist hübsch anzusehen und kommt vor allem den Blütenbesuchern zugute. Eine Mischbepflanzung führt automatisch zu einem stabileren ökologischen Gleichgewicht. Schadinsekten nehmen seltener Überhand, weil sie keine Monokultur vorfinden und von den anderen Heckenbewohnern in Schach gehalten werden.
Besonders wertvoll sind Mischhecken aus einheimischen Laubbäumen und Sträuchern. Ein Nachteil ist eventuell der verringerte Sichtschutz im Winter. Für alle, die darauf verzichten können, ist die Mischhecke eine besonders hochwertige Art der Grundstücksbegrenzung.

Heckenrose 1

Die stachelarme Heckenrose wächst buschartig mit romantisch überhängenden Zweigen und erreicht eine Höhe und Breite von bis zu 2,5 Metern. Im Mai und Juni sind die hellrosa Blüten eine wichtige Pollenquelle für Wild- und Honigbienen, aber auch für den Goldglänzenden Rosenkäfer. Auf dem Rest der Pflanze ist während der gesamten Vegetationszeit immer etwas los: Bis zu 40 Raupenarten nutzen ihr Laub, Blattläuse werden von Schwebfliegen, Schlupfwespen und Marienkäfern begleitet.

Gewöhnliche Felsenbirne 2

Die Felsenbirne ist ein dicht verzweigter Strauch, der zwischen zwei und drei Meter hoch wird. Besonders reizvoll sind ihre überreiche Blüte im Frühling und ihr orange-rotes Laub im Herbst. Die weißen Blüten werden von bis zu 40 Wildbienenarten besucht, die Blätter versorgen unter anderem die Raupen des gefährdeten Grünen Zipfelfalters.

Eingriffeliger Weißdorn 3

Der sehr schnittverträgliche Weißdorn kann als Strauch oder kleiner Baum in sonnigen bis halbschattigen Hecken wachsen. Er zählt zu den wertvollsten Raupenpflanzen. Im Mai und Juni ist er zuweilen kahl gefressen und komplett in ein Gespinst gehüllt – das Kunstwerk der Raupen von Gespinstmotten. Aber keine Angst! Der Weißdorn schlägt nach ihrer Verpuppung wieder neu aus.

---

002 **So pflegst du deine Mischhecke,** amit sie schön, gesund und insektenfreundlich bleibt.

Hasel 4

Die Hasel ist sehr schnell wachsend und gedeiht am besten auf humosen, lehmigen Böden in der Sonne und im Halbschatten. Wegen ihrer Wuchskraft ist in kleineren Gärten öfter ein Rückschnitt der längsten und kräftigsten Äste nötig. Ihre Blüten bieten schon im Spätwinter Pollen für Bienen. Das Laub ist Nahrung für knapp 70 Arten von Raupen.

Do!

Mit einem Saum wird die Hecke noch schöner und insektenreicher! Dafür einfach entlang der Hecke einen schmalen Streifen insektenfreundlicher Stauden einpflanzen oder einsäen.

Grüne Wände und Gerüste

Winziger Garten und kaum Platz für Beete und Bäume? Macht nichts. Wo Hauswände und Zäune sind, da kann man begrünen: mit Kletterpflanzen, die wenig Platz wegnehmen und dennoch Lebensräume für Insekten schaffen.
Die Begrünung mit Kletterpflanzen hat eine ganze Reihe von Vorteilen. Nicht nur, dass begrünte Wände schöner aussehen als kahle, sie übernehmen außerdem zahlreiche ökologische Funktionen. Angefangen bei der Luftreinigung über Sichtschutz und Temperaturausgleich bis hin zu Nahrung und Unterschlupf für Insekten und Vögel. Das ist weit mehr, als eine glatt verputzte Wand leisten kann.

Viele einjährige Kletterer blühen schön und reichlich.

Jedes Jahr neu

Es gibt eine große Auswahl an Kletterpflanzen, die sich für die Bepflanzung von Wänden, Zäunen und Rankhilfen eignen. Zum einen sind da die einjährigen Kletterer. Sie sind meist anspruchslos und können gut in Töpfen und Kübeln gezogen werden. Sie werden im Frühling in ein mit normaler Pflanzerde (torffrei, am besten selbst angemischt) befülltes Gefäß ausgesät. Bis zum Sommer haben sie ihre volle Höhe erreicht, die meistens zwischen einem und zwei Meter misst. Oft blühen sie über einen längeren Zeitraum und produzieren immer wieder neue Blüten. Einige Arten haben sogar einen doppelten Nutzen: Stangen- und Prunkbohnen locken nicht nur Insekten an, wir können sogar selbst noch etwas ernten. Kapuzinerkresse gehört ebenfalls zu den essbaren, einjährigen Kletterpflanzen. Im Herbst ist die Saison für die Einjährigen zu Ende. Mit den kälter und kürzer werdenden Tagen sterben sie ab. Meist wird das braune, tote Laub abgeräumt, aber auch hier gilt: Wer es bis zum Frühling stehen lässt, tut den Insekten etwas Gutes.

Mehrjähriges Grün

Zum anderen gibt es die mehrjährigen Kletterpflanzen. Einmal angepflanzt begleiten sie uns über viele Jahre. Sie sterben im Winter nicht vollständig ab, sondern verlieren nur ihr Laub

Kletter- und Ramblerrosen gehören zu Recht zu den beliebtesten Wandbegrünern.

oder ihre oberirdischen Pflanzenteile, um im nächsten Frühjahr wieder frisch auszutreiben. Sie werden mit den Jahren immer größer und benötigen bei begrenztem Platzangebot hin und wieder einen Pflegeschnitt.

Klettermechanismen

Kletterpflanzen haben keinen stabilen Stamm. Stattdessen haben sie verschiedene Methoden entwickelt, mit denen sie sich an vertikalen Strukturen festhalten und verankern können. Schlingkletterer umschlingen ihre Rankhilfe. Sie eignen sich deshalb nicht für die gerüstfreie Begrünung glatter Wände. Dafür lassen sich ihre biegsamen Triebe sehr leicht leiten und an Rankhilfen befestigen. Zu ihnen zählen Clematis und Waldgeißblatt.
Selbstklimmer setzen auf Haftwurzeln oder -scheiben, mit denen sie sich selbst an Wänden und Mauern festhalten. Der bekannteste unter ihnen ist der Efeu.
Spreizklimmer besitzen starre Triebe ohne Haftorgane. Stattdessen lehnen sie sich an Kletterhilfen an und stabilisieren den Halt mithilfe von Stacheln oder Dornen und durch die Bildung von Quertrieben.

Wandbegründung zum Essen

Sonderfall Spalierobst: Beim Spalierobst handelt es sich nicht um Kletterpflanzen, sondern um Gehölze, die durch Schnitt, Anbinden und Führung in eine sehr schmale Form gebracht werden. Sie werden ähnlich wie Kletterpflanzen zur Begrünung von Mauern, Wänden und Zäunen eingesetzt.

Do!

Keine Angst vor Schäden am Haus! Werden die Rankhilfen für Gerüstkletterer im Abstand von mindestens 10 bis 25 cm zur Wand angebracht, bleiben die Mauern dahinter nahezu unberührt.

Kletterpflanzen für mehr Lebensraum

Kletterpflanzen machen vertikale Oberflächen für Insekten erst bewohnbar. Wo sonst eine kahle Wand eine „tote" Zone bildet, verwandelt eine Kletterpflanze diese Wüste in ein Biotop, das alles bietet, was ein Insektenherz begehrt: Nektar und Pollen, Verstecke, Überwinterungsmöglichkeiten und Brutplätze. Zwar hat jegliche Art der Wand- und Zaunbegrünung einen positiven Einfluss auf die Insektenwelt, aber es gibt auch hier wieder bessere und weniger geeignete Pflanzen. Die beliebten großblütigen Clematis-Hybriden zum Beispiel verschenken einen wichtigen Vorteil: Ihre imposanten Blüten sind häufig steril und enthalten weder Pollen noch Nektar. Auch an exotischen Kletterern finden sich weniger Insekten ein als an einheimischen.

Waldgeißblatt 1

Die wohlriechendste Art, seinen Zaun zu begrünen! Das Waldgeißblatt verströmt während der Blütezeit im Mai und Juni einen weithin wahrnehmbaren, sehr angenehmen Duft. Nur langrüsselige Falter (Nachtfalter, Schwärmer) können die langen, röhrenförmigen Blüten bestäuben. Mehrere Schmetterlingsraupen, z. B. vom Kleinen Eisvogel, fressen an den Blättern. Die Schlingpflanze benötigt ein Gerüst und einen halbschattigen Standort.

Gewöhnliche Waldrebe 2

Die starkwüchsige und robuste Rankpflanze bildet echte Lianen. Mit ihr lassen sich selbst hohe Betonwände in kurzer Zeit begrünen. Für kleine Rankhilfen wird sie zu groß. Die Blüten werden von Mai bis Oktober vor allem von Schmetterlingen, Schwebfliegen und Honigbienen besucht. Mehrere auf Waldreben spezialisierte Schmetterlingsarten fressen ihr Laub. Sie benötigt einen kräftigen Rückschnitt am Jahresende.

Spalier-Apfel 3

Mauern und Hauswände lassen sich mit einem als Spalierbaum gezogenen Apfelbaum begrünen und als Obstgarten nutzen. Dabei sind der Sortenwahl kaum Grenzen gesetzt. Alle Spalier-Apfelsorten brauchen einen sonnigen bis halbschattigen Standort sowie ein Gerüst zum Festbinden und Leiten der Triebe. Im Frühling werden die Blüten eifrig von Honig- und Wildbienen besucht. Schmetterlinge finden sich als Raupen auf den Blättern und teilweise in den Früchten (z. B. Apfelwickler).

Duftende Platterbse 4

Die einjährige Kletterpflanze ist besser bekannt als „Duftwicke" und erreicht Höhen von bis zu zwei Metern. Die vielen duftenden Blüten liefern von Juni bis August Nahrung für bis zu 20 spezialisierte Wildbienenarten. Insgesamt kommen aber noch weit mehr Wildbienen vorbei. Der Nachtkerzenschwärmer nutzt sie als Nektarpflanze. Die Duftwicke eignet sich hervorragend zur Zaunbegrünung und Kübelaussaat.

1

2

3

4

Trockenmauern – Kinderstube & Rückzugsort

Mauern sind in unseren Gärten allgegenwärtig, sei es als Beeteinfassung, Grundstücksgrenze oder Stützwand. Doch Mauern aus Beton oder verklebten Steinen sind nahezu tote Flächen und zudem oft unüberwindbare Hürden.

Zuhause für Krabbler

Dabei gibt es deutlich insektenfreundlichere Möglichkeiten. Überall dort, wo die Statik keine große Rolle spielt, können Trockenmauern, auch Legesteinmauern genannt, zum Einsatz kommen und sogar selbst gebaut werden. Diese Bauwerke werden nach jahrtausendealter Tradition aus regionalen Natursteinen oder Recyclingmaterial (Stein-, Ziegel- und Betonbruch) lose aufeinandergestapelt, ein Verkleben mit Mörtel findet nicht statt. Stattdessen sorgen eine spezielle Schichtung der Steine, ein ordentliches Fundament und je nach Bauart zusätzlich das Verfüllen mit Lehm und Steinen für einen stabilen Halt.

Große Steine eignen sich ideal als Beeteinfassung.

Ein Wall aus Natursteinen als lebendiger Mauerersatz

Trockenmauern können beim Abstützen von Hängen zum Einsatz kommen. Auf Stufen entsteht Platz für Pflanzen.

Vorteile einer Trockenmauer

Beim Bau einer Trockenmauer entstehen zahllose Fugen und kleine Höhlen. Wenn diese nicht mit Mörtel verklebt sind, dient jede einzelne von ihnen als kleines Versteck vor Feinden und schlechtem Wetter oder als sicherer Platz für die Überwinterung. In den Spalten und Ritzen verstecken sich außerdem Laufkäfer und ihre gefräßigen Larven, Tausend- und Hundertfüßer und Ohrwürmer, die für ein ökologisches Gleichgewicht im Garten sorgen. Sind die Fugen mit lehmhaltigem Sand verfüllt, werden sie von Wildbienen für den Bau ihrer Niströhren genutzt.

Grüne Mauern für noch mehr Vielfalt

Doppelreihige Trockenmauern und solche, die als Stützwall an einem Hang errichtet wurden, können auf ihrer Oberseite leicht mit blühfreudigen Polsterblumen bepflanzt werden, sodass nektarreiche Blumenteppiche für Wild- und Honigbienen entstehen. Auch die Fugen und extra frei gelassene Hohlräume können auf diese Weise bepflanzt werden. So entstehen wertvolle Biotope mit ganz eigenen Pflanzen- und Tiergemeinschaften.

Fugen ermöglichen eine insektenfreundliche Begrünung.

Eine Trockenmauer

selbst bauen

Egal ob Dickblattgewächse ...

... oder Kräuter ...

... Fugenbegrünung ist das Tüpfelchen auf dem i.

Der Bau einer Trockenmauer erfolgt nach einer uralten Tradition und erfordert etwas Kraft und Geschick. Wenn einige Grundlagen beachtet werden, ist das Ergebnis jedoch auch ohne Verwendung von Mörtel äußerst langlebig und schön. Trockenmauern gibt es in den verschiedensten Formen und aus den unterschiedlichsten, regionalen Steinen. Das Grundprinzip ist aber immer ähnlich.

Step 1

An einer sonnigen Stelle im Garten wird zunächst ein etwa 30 cm tiefer und 40 bis 50 cm breiter Graben ausgehoben. Dort hinein wird eine 10 bis 15 cm hohe Drainageschicht aus Kies und Schotter gefüllt und mit einem Vibrationsstampfer verdichtet. Das Fundament verhindert Staunässe und ein Verschieben der Steine, wodurch die Mauer mehr Stabilität erhält.

Step 2

Jetzt können die ersten Steine gesetzt werden. Die größten und flachsten Steine kommen in die erste Reihe. Eine Wasserwaage kann beim Ausrichten helfen, damit die Steine wirklich gerade und eben liegen.
Anschließend wird die Mauer schrittweise bis zur gewünschten Höhe (max. 100 cm) weiter aufgebaut, indem die Steine versetzt aufeinandergelegt werden. Dabei sollte regelmäßig die Stabilität geprüft und die Steine gegebenenfalls neu justiert werden.

Step 3

Während des Aufbaus werden die Zwischenräume (Fugen) mit einer Mischung aus Sand und lehmigem Boden gefüllt. Dies bietet Insekten zusätzlichen Lebensraum und Nistmöglichkeiten für Wildbienen.
Hohlräume lassen: An einigen Stellen können bewusst einige größere Hohlräume belassen werden, die als Unterschlupf für Insekten dienen.

Step 4

Der obere Abschluss der Mauer kann mit besonders flachen und ansprechenden Steinen gestaltet werden. In die mit dem Erdegemisch gefüllten Fugen der Mauerober- und -vorderseite können insektenfreundliche Pflanzen, wie Thymian, Mauerpfeffer, Polster-Glockenblume und Fetthenne, gepflanzt werden. In der Anwachsphase und bei länger andauernder, trockener Witterung sollten die Pflanzen vorsichtig gegossen werden.

---

003 **Diese Mauertypen sind besonders insektenfreundlich**
Je mehr Fugen und Löcher sie haben, desto mehr krabbelt es.

Platz für Insekten

in deinem Garten

Wilde Ecken statt akkurater Ordnung

Ein Hoch auf Unordnung!

Eine wilde Ecke ist, wie der Name schon andeutet, ein kleines Fleckchen Wildnis. Und das im besten Sinne! Natürliche Prozesse wie die verschiedenen Entwicklungsschritte kleiner Tiere, Geburt, Eiablage, Nestbau und die Nahrungssuche können in einer wilden Ecke stattfinden, ohne dass ein Mensch sie der Ordnung wegen stört und verhindert. Hier hat das natürliche Gleichgewicht seinen Ursprung. Tiere, die uns im Garten nutzen, weil sie Blattläuse oder die Eier von Nacktschnecken fressen, kommen oft aus diesen „unordentlichen" Zonen herbei und ziehen sich auch dorthin wieder zurück.

Ordnung ist das halbe Leben?

Aber wilde Ecken sind gefährdet, weil sie als unordentlich wahrgenommen werden. Von vielen Gärtnern werden sie deshalb beseitigt, oft ohne um die weitreichenden Folgen zu wissen.
Diese Gartengeräte haben einen besonders negativen Einfluss auf die Insektenwelt:
Mähroboter: Sind sie tagein, tagaus im Einsatz, dann halten sie nicht nur den Rasen kurz. Sie zerhäckseln auch unermüdlich alle kleinen Tiere, die ihnen in den Weg kommen. Außerdem können dort, wo Mähroboter regelmäßig ihre Runden drehen, Blumen wie Ehrenpreis,

Zumindest in wilden Ecken können einheimische Wildblumen und -kräuter ein Zuhause finden.

Do!

Auch wilde Gartenecken lassen sich harmonisch in einen gepflegten Garten integrieren: Sichtachsen, ästhetische Eyecatcher und strukturierte Raumaufteilung sorgen für ein ansprechendes Gesamtbild.

Vertikales Totholz eignet sich perfekt für Wildbienen.

Holzstapel bieten frostsichere Winterquartiere.

Kleine Braunelle und Gänseblümchen nicht zur Blüte kommen. Ein großer Verlust für Bienen und Co. Viele Gärten werden heute mährobotertauglich angelegt, sodass möglichst jeder Zentimeter für das Gerät erreichbar ist. So bleibt kein Platz für Insekten.

Motorsensen/Fadenmäher: Sie wurden entwickelt, um selbst die letzten wilden Ecken in zivilisierte Zonen umzuwandeln. Sollte es also doch ein Fleckchen geben, wo Rasenmäher und Mähroboter nicht hinkommen, dann wird die Motorsense rausgeholt und das letzte Rückzugsgebiet beseitigt.

Laubsauger: Das Laub mit allen darin lebenden Kleintieren einzusaugen und zu entsorgen, ist schon sehr effektiv, wenn es um das Reduzieren der Insektenpopulationen geht. Noch effektiver wird das Ganze nur noch durch die im Laubsauger eingebauten Häcksler. So kann selbst dann kein Insekt überleben, wenn das Laub auf dem heimischen Kompost landet.

Was sind wertvolle, wilde Ecken?

Der Klassiker für die wilde Ecke ist das Totholz! Es ist ein kostenloses Material, das beim Rückschnitt von Bäumen und Sträuchern anfällt und vielfältig im Garten platziert werden kann.

Ein Reisighaufen aus Heckenschnitt ist schnell angelegt. Die dünnen Zweige samt Blättern verrotten teilweise innerhalb eines Jahres, weswegen bei jedem neuen Rückschnitt frisches Material aufgeschichtet werden kann.

Im Reisighaufen leben vor allem Asseln, Würmer, Laufkäfer, Tausend- und Hundertfüßer.

Totholzhaufen und -stapel

Dickere Ast- und Stammteile können zu Haufen aufgeschichtet oder ordentlich gestapelt werden. Die Verrottung der einzelnen Holzstücke dauert einige Jahre, wobei die Geschwindigkeit unter anderem von der Lage abhängt. An einem trockenen, sonnigen Plätzchen dauert die Verwitterung etwas länger als an einem feuchten, schattigen oder halbschattigen Plätzchen.

In Totholzhaufen leben neben Asseln und Laufkäfern auch Holz zersetzende Insekten, darunter die Larven verschiedener Bockkäferarten (z. B. vom Echten Widderbock).

Vertikales Totholz

Wenn ein Baum gefällt werden muss, ist das immer ein Verlust für die Insektenwelt. Der Schaden lässt sich aber verringern, wenn der Baum statt bodentief schon in zwei bis drei Meter Höhe abgesägt wird. Auf diese Weise entsteht ein äußerst wertvolles Biotop, das von zahlreichen Insektenarten besiedelt wird. Nachdem Käferlarven Löcher und Gänge in die Rinde und das Holz gefressen haben, ziehen schon bald Wildbienen ein, die in diesen Gängen Brutzellen anlegen.

⟶ Wenn wilde Ecken extra angelegt werden, dann ist das keine Unordnung!

Verstecken, nisten und überwintern

Laubdecken und Laubhaufen

Ein weiteres Material, das im Garten reichlich anfällt, ist Laub. Es gibt eine ganze Reihe von Kleintieren, die sich über herabgefallene Blätter hermachen. Im Winter schrumpft ein großer Laubhaufen locker um die Hälfte zusammen, weil sich die Tierchen heimlich ans Werk gemacht haben. Auch Laub ist Unterschlupf, Winterschutz und Nahrung zugleich.

Leere Schneckenhäuser dienen manchen Wildbienen als Nistgelegenheiten.

Für uns unansehnlich, für Insekten äußerst wertvoll.

Laub ist nicht gleich Laub

Nicht alle Blätter eignen sich zum Anlegen wertvoller Laubhaufen und -decken. Es gibt Pflanzen, deren Blätter ausgesprochen hart sind und Gerbsäuren enthalten, die sie vor dem Gefressenwerden schützen. Diese sogenannten Tannine behindern auch deren Abbau und Zersetzung. Zu den schwer abbaubaren Laubarten gehören unter anderem Kirschlorbeer, Walnuss und Eiche.
Im Gegensatz dazu gibt es Laub, das gern und schnell von Insekten und anderen Kleintieren verwertet wird, und deshalb leicht kompostiert. Es ist meistens durch weiche, dünne Blätter gekennzeichnet, so wie man sie bei Eberesche, Linde und Ahorn findet.

Nisthilfen, Stängel und Erde

Zwar brauchen Insekten nicht zwangsläufig unsere Hilfe beim Nestbau, aber wir nehmen ihnen oft die Gelegenheiten dafür. Wenn wir den Garten zu sehr aufräumen, machen wir unbeabsichtigt Nester und Nistgelegenheiten kaputt oder beseitigen sie ganz. Daher kann es sinnvoll sein, ihnen extra auf ihre Bedürfnisse abgestimmte Nisthilfen anzubieten. Das können die altbekannten Insektenhotels sein, aber auch markhaltige und hohle Stängel, die in Beete und Blumentöpfe gesteckt werden. Selbst mit Sand gefüllte Gefäße können zu wertvollen Kinderstuben werden. Solche Maßnahmen sind aber nur in Kombination mit den anderen hier im Buch vorgestellten Tipps für einen insektenfreundlichen Garten sinnvoll. Ein Insektenhotel ohne nektar- und pollenreiche Blumen in der näheren Umgebung ist nahezu nutzlos. Für einen echten Erfolg, müssen alle Bedürfnisse der kleinen Sechsbeiner erfüllt sein.

Markhaltige Stängel brauchen etwas Abstand zueinander.

Eine hochwertige Nisthilfe für verschiedene Wildbienen.

Sandarium für Ameisenlöwen

Platzsparende Kinderstube im Topf

Sandige Erde

Feinkörniger Spielsand

Spielsand-Kompost-Gemisch mit Trichtern

Don't

Das Sandarium darf niemals gestört werden, weil die Ameisenlöwen mehrere Jahre für ihre Entwicklung benötigen. Entnimm auch niemals Ameisenlöwen aus der Natur, das ist streng verboten und nicht im Sinne der Insekten!

Das brauchst du:

1. eine überdachte Stelle im Garten
2. Wurzelsperre
3. feinkörnigen Spielsand
4. eine kleine Menge trockenen Kompost
5. Geduld

So wird's gemacht

Schritt 1: Zunächst schaust du dich in deinem Garten nach einer von Ameisen bewohnten, regengeschützten Stelle um. Diese sollte möglichst unbefestigt sein. Besorge ein mindestens 15 cm tiefes Gefäß, das Löcher im Boden hat (oder bohre welche hinein). Die Löwen müssen im Winter hindurchkriechen können.

Schritt 2: Gib sandige Erde bis ca. 10 cm unter den Rand in das Gefäß. Optional: Pflanze eine Sukkulente in einem separaten Topf hinein.

Schritt 3: Fülle das Sandarium mit feinkörnigem Spielsand auf.

Schritt 4: Trockne eine kleine Menge Kompost (etwa eine Tasse) und verreibe ihn, bis er in winzig kleine Bruchstücke zerfallen ist. Gib ihn vermischt mit etwas Spielsand als oberste Schicht in dein Gefäß.

Warte ab, ob sich die typischen Trichter zeigen. Ameisenjungfern legen ihre Eier im Hoch- und Spätsommer. Bis sie den Platz gefunden haben und sich die ersten Trichter zeigen, kann es einige Zeit dauern.

004

So legst du ein Sandarium an,
wenn du mehr Platz im Garten hast.

Ameisenlöwe

Porträts

Insektenvielfalt im Garten kennenlernen

Schmetterlinge – Federleichte Tänzer

Schmetterlinge sind unheimlich faszinierende Insekten und spielen eine wichtige Rolle in der Natur. Am bekanntesten sind die zu den Tagfaltern zählenden Edelfalter mit den großen, oft farbenprächtigen Flügelpaaren. Weniger bekannt sind die unauffälligen, oft gut getarnten Schmetterlingsarten, zu denen unter anderem die Nachtfalter gehören. Wenn von Schwärmern, Spannern und Spinnern die Rede ist, dann sind oft Schmetterlinge gemeint. Was sie gemeinsam haben, sind ihre mit Farbschuppen bedeckten Flügel und die Metamorphose von einer Raupe zum ausgewachsenen Falter.

005 **Vom Boden in die Lüfte:**
Hier findest du die Raupe zum Falter.

Tagpfauenauge

Aglais io

Merkmale Rotbrauner, 50 bis 55 mm großer Schmetterling mit auffälligen, blau-gelb-schwarz gefärbten Augenflecken auf beiden Flügelpaaren. Die Raupen sind schwarz mit zahlreichen Dornen und weißen Punkten.

Nahrung Die Raupen fressen die Blätter der Großen Brennnessel. Die Falter saugen im Frühling an Weidenkätzchen, Obstbaumblüten und Frühblühern, im Sommer an Thymian, Oregano, Lavendel, Nelken, Disteln, Sommerflieder und im Herbst an Astern, Fetthenne und Efeu.

Must-haves im Garten Ungestörte, wilde, halbschattige Ecken mit Brennnesseln als Kinderstube. Nektargefüllte Blüten von Frühling bis Herbst. Überwinterungsplätze wie Holzstapel und -haufen, ungeheizte Gartenhäuschen (mit Ein- und Ausflugmöglichkeit).

Kleiner Fuchs

Aglais urticae

Merkmale Orange gefärbter, 40 bis 50 mm großer Falter mit gelben, schwarzen und weißen Flecken sowie einem dunklen, mit blauen Flecken durchsetzten Außenrand auf den Flügeln. Die Grundfarbe der Raupen ist schwarz mit weißen Pünktchen und gelben Seitenlinien.

Nahrung Frisch austreibende Blätter der Großen Brennnessel werden von den Raupen gefressen. Als Hauptnektarpflanzen der Falter gelten Wasserdost und Disteln. Sie besuchen aber auch viele andere nektarreiche Blüten.

Must-haves im Garten Sonnige, nährstoffreiche Ecken mit Brennnesseln, die im Frühsommer oder Sommer einmal geschnitten werden (nur schneiden, wenn sich an den Brennnesseln keine Raupen oder Puppen befinden). Frühblüher, Wasserdost, Zierdisteln, Flockenblumen und Fetthennne spenden Nektar von Frühling bis Herbst.

Admiral

Vanessa atalanta

Merkmale Schwarzbrauner, 55 bis 65 mm großer Falter mit roten Flügelbinden und weißen Flecken. Die Raupen sind grau-braun bis schwarz gefärbt, mit Dornen besetzt und haben oft, aber nicht immer Seitenlinien aus gelb-grünen Flecken.

Nahrung Die Raupen benötigen größere Bestände ihrer Nahrungspflanze, der Großen Brennnessel, an deren Blättern sie einzeln fressen. Die Falter saugen Nektar insbesondere an den Blüten von Brombeeren, Sommerflieder, Wasserdost, Fetthenne und Efeu.

Must-haves im Garten Ungestörte, wilde, halbschattige Ecken mit größeren Brennnesselbeständen für die Raupen. Mischhecken mit Sommerflieder, Brombeeren und Efeu sowie Wasserdost und Prächtige Fetthenne als Nektarquellen für die Falter.

Zitronenfalter

Gonepteryx rhamni

Merkmale Die 50 bis 55 mm großen Falter sind leicht an ihren grünlich-weiß (Weibchen) bis leuchtend zitronengelb (Männchen) gefärbten Flügeln zu erkennen. Vorder- und Hinterflügel weisen je einen orangefarbenen Fleck auf und sind zugespitzt. Die Raupen sind grün gefärbt mit einer weißen Seitenlinie.

Nahrung Während die Raupen die Blätter von Faulbaum und Purgier-Kreuzdorn fressen, fliegen die Falter eine Vielzahl von Blüten an. Im zeitigen Frühjahr trinken sie an nektarreichen Frühblühern, später unter anderem an Nelken und Sommerflieder.

Must-haves im Garten Eine Mischhecke mit einheimischen Bäumen und Sträuchern, darunter Faulbaum und Purgier-Kreuzdorn, für den Nachwuchs. Eine Unterpflanzung mit Frühblühern (Traubenhyazinthen, Krokusse) sowie Staudenbeete für die Falter.

Schwalbenschwanz

Papilio machaon

Merkmale Bis zu 70 mm großer Edelfalter mit beige-schwarz gemusterten Flügeln. Die Hinterflügel zeigen außerdem je eine Reihe blauer Punkte, einen roten Augenfleck und das charakteristische spitze Schwänzchen. Die Raupen sind grün mit schwarzen, teils unterbrochenen Querstreifen und gelben bis orange-roten Punkten.

Nahrung Die Raupen fressen vor allem an Fenchel, Wilder Möhre und Gartenmöhre sowie Dill. Die Falter trinken an nektarreichen Blüten, unter anderem von Flockenblumen, Disteln und Rotklee.

Must-haves im Garten Ein sonniges Beet mit den Raupenpflanzen Fenchel, Dill oder Möhren, die ungestört mehrjährig wachsen dürfen. Eine Blumenwiese oder ein Staudenbeet mit einer Vielzahl nektarreicher Sommerblüher wie Lavendel, Edeldisteln und Flockenblumen.

Taubenschwänzchen

Macroglossum stellatarum

Merkmale Namensgebend für den bis zu 50 mm großen Falter sind die schwarz-weißen Büschel, die dem Hinterleib ein taubenähnliches Aussehen geben. Der Körper und die Vorderflügeloberseiten sind graubraun, die Hinterflügel orangebraun. Die Raupen sind grün bis braun mit feinen, weißen Pünktchen, einer gelblichen Seitenlinie und einem Horn am Hinterleib.

Nahrung Die Raupen fressen Labkräuter, die Falter saugen an nektarreichen Blüten, vor allem an solchen mit tieferen Kelchen.

Must-haves im Garten Eine Blumenwiese oder ein Heckensaum mit Echtem, Wiesen- oder Kletten-Labkraut, bei dem von Juni bis Ende August auf einen Schnitt verzichtet wird. Staudenbeete, Blumenwiesen und -säume mit Sommerblühern (z. B. Rotklee, Natternkopf, Storchschnäbel) für die Falter.

Sechsfleck-Widderchen

Zygaena filipendulae

Merkmale Die rund 38 mm großen Nachtfalter sind schwarz mit jeweils sechs auffälligen roten Punkten auf den Vorderflügeln. Die in Ruhestellung nicht sichtbaren Hinterflügel sind flächig rot gefärbt. Die grünlich-gelben Raupen weisen Längsreihen aus schwarzen Punkten und Büschel aus kurzen, weißen Haaren auf.

Nahrung Die Nahrung der Raupen besteht vor allem aus Gewöhnlichem Hornklee, Sumpfhornklee und Kronwicken. Die Falter saugen Nektar bevorzugt von violetten Blüten wie Disteln und Flockenblumen alternativ aus rosa, hellblau und gelb gefärbten Blüten.

Must-haves im Garten Für die Raupenentwicklung eine Blumenwiese mit Hornklee und Kronwicken, die zwischen Juli und Ende Oktober nicht gemäht wird. Flockenblumen, Skabiosen, Grasnelken und Edeldisteln für die Falter.

Hautflügler – Leben im Staat oder als Einzelgänger

Hautflügler sind eine große und vielfältige Insektenordnung, die etwa 150.000 Arten umfasst. Zu den bekanntesten Vertretern gehören Bienen, Wespen und Ameisen. Sie übernehmen eine Vielzahl ökologischer Funktionen, von der Bestäubung über die Schädlingskontrolle bis hin zur Zersetzung von abgestorbenem Material und zum Nährstoffkreislauf. Sie zeichnen sich durch zwei Paar membranartige Flügel aus, obwohl manche wie Ameisen flügellos sein können. Hautflügler leben oft als Einzelgänger (solitär), doch zeigen etliche Arten auch Koloniebildung mit einer ausgeprägten sozialen Struktur.

Honigbiene

Apis mellifera

Merkmale 11 bis 13 mm große Arbeiterinnen mit brauner Grundfärbung und beigefarbener Behaarung am Oberkörper. Am Hinterleib wachsen die Haare als helle Querbinden. Königinnen und Drohnen sind etwas größer.

Nahrung Honigbienen ernähren sich und ihre Brut größtenteils vom Nektar und Pollen der unterschiedlichsten Pflanzenarten, aber auch von den zuckerhaltigen Ausscheidungen der Blattläuse (Honigtau), manchmal vom Saft aufgeplatzter Früchte.

Must-haves im Garten Nektarreiche Blüten von Frühling bis Herbst. Im Frühling vor allem Frühblüher (Krokusse), Weiden und Obstbäume, im Sommer Kräuter (Lavendel, Oregano, Lauch) und Blumen (Sonnenhut, Borretsch, Natternkopf), im Herbst Purpur-Fetthenne, Weißklee und Efeu. Blumen- und Kräuterrasen statt Zierrasen.

Zweifarbige Schneckenhausbiene

Osmia bicolor

Merkmale Kleine, 8 bis 10 mm lange Mauerbiene mit schwarz behaartem Oberkörper und rostrot behaartem Hinterleib. Die Männchen sind kleiner und blasser.

Nahrung und Lebensweise Diese Wildbienenart fliegt von Anfang März bis Anfang Juli und sammelt Nektar und Pollen an den verschiedensten Blüten, die in diesem Zeitraum blühen. Die Weibchen legen die Brutzellen für ihre Larven in leeren Schneckenhäusern, vorwiegend von Bänderschnecken, an.

Must-haves im Garten Eine größere Population der für Pflanzen unschädlichen Bänderschnecken. Ungestörte Ecken, in denen leere Schneckengehäuse unberührt verbleiben dürfen, da die Bienenlarven darin grobe Störungen nicht überleben. Nektar- und pollenreiche Frühblüher und Sommerblumen.

Totholz-Blattschneiderbiene

Megachile willughbiella

Merkmale 12 bis 15 mm große Wildbiene, die an eine Honigbiene erinnert. Sie besitzt jedoch eine orange-rote Pollenbürste auf der Unterseite des Hinterleibs und kräftige Mundwerkzeuge, mit denen sie Blätter zerschneiden kann.

Nahrung und Lebensweise Fliegt von Juni bis September und sammelt Pollen und Nektar an vielen verschiedenen Pflanzenarten. Baut „Hülsen" aus Blattstücken, in die sie je ein Ei und einen Futtervorrat ablegt. Baut Nester für die Hülsen in morschem Holz oder im Substrat von Blumentöpfen, wenn dieses viel organisches Material enthält.

Must-haves im Garten Totholz aus dicken Stämmen oder Ästen, das verrotten darf. Ungestörte Blumentöpfe und -kästen, die mit torffreier Blumenerde befüllt sind. Pollen- und nektarreiche Sommer- und Herbstblüher.

Rostrote Mauerbiene

Osmia bicornis

Merkmale 8 bis 13 mm große Mauerbiene mit grau-braun behaartem Oberkörper und teils rostrot, teils schwarz behaartem Hinterleib. Die Männchen sind deutlich kleiner als die Weibchen.

Nahrung und Lebensweise Fliegt von Anfang April bis Anfang Juni. Besucht ausgesprochen viele verschiedene Pflanzenarten und bevorzugt meist die pollenreichsten Blüten in ihrem Einzugsgebiet. Baut Nester in vorhandene, meist röhrenförmige Hohlräume.

Must-haves im Garten Viele gestaffelt blühende Frühblüher, Obstbäume und Wildblumen. Sonnig platzierte Nisthilfen für Wildbienen mit vorgebohrten Gängen im Laubholz oder gebündelten Röhren (Papprohren, Schilf, andere hohle Stängel) für den Nestbau. Lehm für den Nestverschluss und die Trennwände.

Hosenbiene

Dasypoda hirtipes

Merkmale Die 12 bis 15 mm großen Weibchen haben einen hellbraun behaarten Oberkörper, einen schwarz-braunen Hinterleib mit weißen Querstreifen und die charakteristischen, langen Haarfransen am letzten Beinpaar. Diese fehlen den Männchen.

Nahrung und Lebensweise Hosenbienen sammeln Nektar und Pollen ausschließlich an Korbblütlern, z. B. Habichtskräutern, Löwenzahn, Pippau, Wegwarte und Flockenblumen. Die Weibchen bauen Brutgänge in lockere, meist sandige Erde, in die sie Eier und einen Futtervorrat aus Pollen und Nektar ablegen.

Must-haves im Garten Ungestörte Bereiche mit lockerem Bewuchs und offener Erde für den Nestbau. Blumenrasen und -wiesen mit Habichtskräutern, Löwenzahn und Pippau, die von Mitte Juni bis September nur staffelweise gemäht werden.

Dunkle Erdhummel

Bombus terrestris

Merkmale Während die Arbeiterinnen dieser Art 11 bis 17 mm messen, werden die Königinnen mit 20 bis 23 mm sehr groß. Dunkle Erdhummeln haben eine lange, schwarze Behaarung mit einer orange-gelben Querbinde hinter dem Kopf, einer weiteren auf dem vorderen Hinterleib und einem grau-weißen Hinterleibsende.

Nahrung und Lebensweise Nicht wählerische Hummelart, die an allen geeigneten, nektar- und pollenreichen Blüten sammelt. Langröhrige Blüten beißt sie seitlich auf, um an den Nektar zu gelangen. Sie baut ihre Nester im Erdreich, meistens in Mäuse- und Maulwurfsgängen. Staatenbildend.

Must-haves im Garten Ein großes Angebot an nektar- und pollenreichen Blumen, Sträuchern und Bäumen schon ab dem sehr zeitigen Frühjahr (ab Februar). Mäuse- und Maulwurfsgänge.

Steinhummel

Bombus lapidarius

Merkmale 12 bis 16 mm (Arbeiterin) und 20 bis 22 mm (Königin) große Hummelart mit größtenteils schwarzer Behaarung. Nur das Hinterleibsende ist orange- bis braunrot behaart.

Nahrung und Lebensweise Steinhummeln sind unspezialisiert und besuchen alle geeigneten Blüten, die Pollen und Nektar enthalten. Ihre Nester bauen sie gern in Steinhaufen oder -mauern, aber auch in Maulwurfs- und Mäusegängen, Nistkästen und Schuppen.

Must-haves im Garten Vor allem ein großes Blütenangebot von Frühling bis Herbst, darunter Frühblüher, Obstbäume, Sommer- und Herbstblumen. Steinhaufen oder eine Trockenmauer in halbschattiger Lage, Maulwurfs- und Mäusegänge. Ein großer, leerer Vogelnistkasten kann in Erdnähe aufgestellt werden.

Töpfergrabwespe

Trypoxylon figulus

Merkmale Auch bei den 7,5 bis 12 mm großen Töpfergrabwespen werden die weiblichen Tiere größer als die männlichen. Diese Art ist sehr schlank mit einem langen Hinterleib und durchgehend schwarz gefärbt.

Nahrung und Lebensweise Töpfergrabwespen ernähren sich von Pollen und Nektar, über eine Spezialisierung ist wenig bekannt. Sie nisten in länglichen Hohlräumen mit einem Durchmesser von 3 bis 5 mm, z. B. in hohlen Stängeln. Dort hinein bauen sie mehrere Brutzellen, die mit einem Ei und dem Futtervorrat, der ausschließlich aus gelähmten, kleinen Spinnen besteht.

Must-haves im Garten Hohle, abgestorbene Stängel von Brom- und Himbeeren, außerdem Insekten-Nisthilfen mit Schilf-, Bambus oder Pappröhrchen. Nektar- und pollenreiche Sommerblumen.

Gemeine Sandwespe

Ammophila sabulosa

Merkmale Auffällige 16 bis 24 mm (Weibchen) bzw. 14 bis 19 mm (Männchen) große Solitärwespe mit schwarzer Grundfärbung und einem breiten orangeroten Bereich in der Mitte des Hinterleibs. Sie besitzt verhältnismäßig lange Beine, um Beute im Laufen zu transportieren.

Nahrung und Lebensweise Die Weibchen graben Nistgänge in lockeren, sandigen Boden. Jeder Nistgang enthält nur ein Ei und den Nahrungsvorrat, der aus einer unbehaarten, gelähmten Raupe besteht. Insgesamt werden bis zu zehn Nistgänge angelegt.

Must-haves im Garten Die Gemeine Sandwespe benötigt sandige, spärlich bewachsene Bereiche im Garten. Oft reichen ihr auch breite Wegfugen und die Randstreifen von Gartenwegen. Weil sie die Raupen von Faltern jagt, profitiert sie von einem naturnahen und blütenreichen Garten.

Hornisse

Vespa crabro

Merkmale Sehr große Wespenart, bei der die Arbeiterinnen 18 bis 25 mm und die Königinnen bis zu 35 mm groß werden. Neben der charakteristischen schwarz-gelben Körperzeichnung zeigen Kopf und Rumpf auch rotbraun gefärbte Bereiche.

Nahrung und Lebensweise Hornissen ernähren sich selbst überwiegend von Pflanzensäften, die aus Verletzungen austreten. Ihre Larven füttern sie hingegen mit erbeuteten Insekten, darunter häufig Stechwespen. Sie sind staatenbildend und bauen ihre Nester in Baumhöhlen, Nistkästen, Dachböden oder Schuppen.

Must-haves im Garten Hornissen sind vergleichsweise friedfertig, verteidigen bei Störungen jedoch ihr Nest. Deshalb sollte um ein vorhandenes Nest, sofern es nicht umgesiedelt wird, eine Ruhezone errichtet werden.

Gelbe Wiesenameise

Lasius flavus

Merkmale Die Arbeiterinnen dieser Ameisenart sind nur 2 bis 4,5 mm lang und gelb bis braungelb gefärbt. Die Königin ist mit ihren 7 bis 9 mm deutlich größer.

Nahrung und Lebensweise Gelbe Wiesenameisen ernähren sich nahezu vollständig von den zuckerhaltigen Ausscheidungen (Honigtau) der Wurzelläuse, die sie unterirdisch selbst züchten. Wegen dieser Ernährungsweise führen sie ein sehr heimliches Leben und sind nur selten oberirdisch zu sehen. Allenfalls ihre kleinen Nesthügel aus Erde kann man im Gras entdecken. Schäden an Terrassen und Ähnlichem richten sie nicht an.

Must-haves im Garten Die Art benötigt eigentlich nur eine größere Rasen- oder Wiesenfläche, bei der auf die Bekämpfung von Ameisen und anderen Insekten mit chemischen Mitteln verzichtet wird.

Schrecken und Ohrwürmer – Einzigartige Spezialisten

Ohrwürmer, Heuschrecken und Fangschrecken sind drei unterschiedliche Gruppen von Insekten mit jeweils einzigartigen Anpassungen und Lebensweisen. Ohrwürmer sind Allesfresser und wichtige Zersetzer in Ökosystemen. Heuschrecken sind vor allem für ihre beeindruckenden Sprungfähigkeiten bekannt. Sie fressen überwiegend Pflanzen, einige sind aber auch gegenüber tierischer Kost nicht abgeneigt. Fangschrecken hingegen sind echte Raubtiere, die ihre Beute mit speziellen Fangarmen ergreifen. Alle drei Gruppen tragen auf ihre Weise zur biologischen Vielfalt und zum Funktionieren von Ökosystemen bei.

Grünes Heupferd

Tettigonia viridissima

Merkmale Das Grüne Heupferd wird 28 bis 42 mm lang, wobei das Männchen etwas kleiner bleibt als das Weibchen, welches einen langen Legestachel aufweist. Alle Entwicklungsstadien, auch die Larven, sind grün. Sie können sehr gut fliegen.

Nahrung und Lebensweise Die im Boden abgelegten Eier brauchen bis zu fünf Jahre für ihre Entwicklung und dürfen nicht austrocknen. Anschließend durchwachsen die Larven sieben Stadien, in denen sie sich überwiegend von anderen Insekten, z. B. von Blattläusen, aber auch von weichen Blättern ernähren.

Must-haves im Garten Kräuterrasen, Blumenwiesen und Staudenbeete sind ideale Lebensräume. Sie sollten nicht zu stark austrocknen und dürfen durchaus nährstoffreich sein. Verzicht auf Insektizide.

Gemeiner Ohrwurm

Forficula auricularia

Merkmale 10 bis 23 mm brauner bis rotbrauner Körper mit gelblich bis orangefarbenen Beinen und Fühlern. Die Zangen sind ebenfalls heller gefärbt als der Körper, aber zum Ende hin dunkler werdend. Die Larven besitzen noch keine Flügel. Sie sind kleiner und anfangs heller.

Nahrung und Lebensweise Ohrwürmer verlassen nachts ihre Verstecke, um Insekten (z. B. Blattläuse), deren Larven und Gelege zu fressen. Daneben fressen sie gern abgestorbene und auch frische pflanzliche Kost. Die Larven findet man von März bis Juli, die erwachsenen Tiere von Juli bis zum Spätherbst.

Must-haves im Garten Verstecke wie Holz-, Stein und Laubhaufen, außerdem Staudenbeete und Hecken. Im Winter eine Laubschicht unter Hecken und Bäumen. Verzicht auf Insektizide.

Europäische Gottesanbeterin

Mantis religiosa

Merkmale Bis zu 80 mm große Fangschrecke, die Männchen sind kleiner. Die Färbung reicht von Beige, über Braun und Grün bis zu fast Schwarz. Sie ist von anderen Schrecken leicht durch ihre Fangarme und den dreieckigen, sehr beweglichen Kopf zu unterscheiden. Der Körper ist lang und schmal.

Nahrung und Lebensweise Gottesanbeterinnen brauchen sonnig-warme Lebensräume mit vielen Insekten, von denen sich Larven und erwachsene Tiere ernähren. Die Weibchen legen im Sommer ihre Eier in Ootheken (Eipaketen) ab, aus denen im Frühling die Larven schlüpfen.

Must-haves im Garten Sonnige und windgeschützte Plätze in einem insektenfreundlichen Garten ohne Gifteinsatz. Viele Blüten und Versteckmöglichkeiten für Insekten, damit die Gottesanbeterinnen genug Nahrung finden.

Käfer – Gut gepanzerte Gartenbewohner

Käfer *(Coleoptera)* sind die artenreichste Insektenordnung und umfassen weltweit etwa 400.000 bekannte Arten. Ein typisches Erkennungsmerkmal sind ihre harten Deckflügel, die den weichen Hinterleib und die empfindlichen Hinterflügel schützen. Käfer zeigen eine enorme Vielfalt an Lebens- und Ernährungsweisen. Manche können leuchten oder schwimmen, manche sind Pflanzenfresser wie die Rosenkäfer, andere sind Fleischfresser wie der Marienkäfer, der Blattläuse jagt. Sie leben in nahezu allen Lebensräumen, von Wäldern, Wiesen und Gärten bis hin zu Dünen und Gewässern.

Siebenpunkt-Marienkäfer

Coccinella septempunctata

Merkmale Kleiner, bis zu 8 mm großer, rundlicher Käfer mit schwarz-weißem Kopfschild und roten Deckflügeln. Namensgebend sind die dreieinhalb schwarzen Punkte auf jedem Flügel, die zusammen sieben ergeben. Bei Gefahr gibt er eine gelbliche, bittere Flüssigkeit ab.

Nahrung und Lebensweise Die Weibchen legen ihre Eier an der Blattunterseite von mit Blattläusen befallenen Pflanzen ab. Jede Larve frisst bis zur Entwicklung zum Käfer rund 400 Blattläuse. Die Käfer überwintern meist in Gruppen unter Laub, in natürlichen Höhlen aber auch in kühl-feuchten Gebäuden.

Must-haves im Garten Staudenbeete, Sträucher und Bäume, die weder chemisch noch mit Hausmitteln gegen Blattläuse behandelt werden. Winterverstecke in Form von Laubhaufen oder leeren Nistkästen.

Kleiner Leuchtkäfer

Lamprohiza splendidula

Merkmale 10 mm langer Käfer, bei dem Weibchen und Männchen sich stark unterscheiden. Männchen sind grauschwarz mit großen Deckflügeln und Halsschild, während Weibchen einer hellen Käferlarve ähneln. Beide Geschlechter besitzen Leuchtorgane am Hinterleib.

Nahrung und Lebensweise Die Larven ernähren sich von Schnecken. Bei den erwachsenen Käfern können nur die Männchen fliegen. Zwischen Mitte Mai und Ende Juli suchen sie nach Sonnenuntergang leuchtend die am Boden wartenden und ebenfalls leuchtenden Weibchen. Adulte Käfer nehmen keine Nahrung mehr zu sich.

Must-haves im Garten Feuchtwiesen, feuchte Teich- und Bachufer mit natürlicher Vegetation und Schneckenpopulation sind geeignete Lebensräume. Künstliche Nachtbeleuchtung vermeiden.

Goldglänzender Rosenkäfer

Cetonia aurata

Merkmale Bis zu 20 mm großer Käfer mit metallisch glänzender, grün- bis bronzefarbener Oberseite. Auf den Flügeln befinden sich unregelmäßige, weiße Punkte und Streifen. Die Unterseite der Käfer ist rot-gold gefärbt.

Nahrung und Lebensweise Die Engerlinge (Larven) ernähren sich von abgestorbenem Pflanzenmaterial und können in Komposthaufen, Holzmulch, modrigen Baumstümpfen und in der Blumenerde von Blumenkübeln gefunden werden. Die Käfer fressen Pollen, weiche Pflanzenteile und saugen Pflanzensäfte.

Must-haves im Garten Komposthaufen und -behälter mit Löchern, verrottende Baumstämme, -stümpfe und dicke Äste sowie große Töpfe mit Kompost-Blumenerde sind geeignete Lebensräume für die Larven. Ungefüllte Rosen und Sommerstauden sind ideal für die Käfer.

Nashornkäfer

Oryctes nasicornis

Merkmale 20 bis 40 mm großer, braun bis schwarz gefärbter Käfer mit gedrungenem Körperbau und dem namensgebenden Horn auf der Kopfoberseite. Dieses ist beim Männchen deutlich länger als beim Weibchen. Die Larven (Engerlinge) werden voll entwickelt rund 10 cm lang.

Nahrung und Lebensweise Es ist nicht abschließend geklärt, ob die Käfer Nahrung zu sich nehmen, aber wenn, dann trinken sie Baumsäfte. Die Larven fressen reichlich verrottendes, faserhaltiges Material, das sie in Haufen aus Holzmulch und -mulm und faserigem Kompost finden.

Must-haves im Garten In Gärten werden Haufen aus gehäckseltem Holz, sich im unteren Bereich zersetzende Benjeshecken und Kompost aus Holz und Blättern regelmäßig von den Engerlingen besiedelt.

Feldmaikäfer

Melolontha melolontha

Merkmale 22 bis 32 mm langer Käfer mit schwarzem Kopf und Körper sowie rotbraunen Deckflügeln, Beinen und Fühlern. Der Hinterleib zeigt eine auffällige Reihe dreieckiger Punkte. Die Larven (Engerlinge) sind weiß mit brauner Kopfkapsel und Beinen.

Nahrung und Lebensweise Während sich die Käfer von Eichen- und Buchenblättern ernähren, fressen die Engerlinge im Boden an den Wurzeln von Gräsern und Kräutern, vor allem an Löwenzahn, Schafgarbe, Ampfer, Weidelgras und Wiesenschwingel.

Must-haves im Garten Feldmaikäfer richten in Massenbeständen landwirtschaftliche Schäden an, sind bei geringen Populationsdichten im naturnahen Garten aber unproblematisch. Deshalb benötigen sie vor allem Toleranz, den Verzicht auf den Einsatz von Insektiziden und wilde, ungestörte Gartenecken.

Goldlaufkäfer

Carabus auratus

Merkmale Auffällig attraktiver, grün-golden glänzender Käfer mit gefurchten Deckflügeln und den typischen langen Laufkäferbeinen. Die Kopf-Rumpflänge beträgt zwischen 17 und 30 mm.

Nahrung und Lebensweise Die Larven und die Käfer leben räuberisch von Schnecken, Würmern, Asseln und Insekten. Dabei sind die Käfer tagaktiv und jagen am Boden sowie auf Bäumen, die Larven sind dämmerungsaktiv und jagen in Bodennähe. Sie kommen vor allem an warmen Stellen mit lehmigem Boden vor.

Must-haves im Garten Ein strukturreicher Garten mit Lehmboden, Bäumen, Sträuchern, Holzhaufen und natürlicher Vegetation ist ideal. Rasenflächen werden gemieden, magere Wiesen bevorzugt. Damit er sich im Garten ausbreiten kann, muss auf sämtliche Bekämpfung von Schnecken und Insekten verzichtet werden.

Gartenlaufkäfer

Carabus hortensis

Merkmale 22 bis 30 mm großer Käfer mit bronzefarbener bis schwarzer Grundfärbung und fein gerillten Deckflügeln. Auf diesen befinden sich außerdem je drei Reihen rotgoldener bis grüner, punktförmiger Gruben.

Nahrung und Lebensweise Die Käfer verlassen nachts ihre Verstecke und erbeuten vor allem andere Insekten, Würmer und kleinere Schnecken. Die ebenfalls räuberischen Larven jagen gern auf dem Boden in der Laubschicht. Zusammen gelten sie als nützliche Vertilger von Spanischen Wegschnecken und deren Eiern.

Must-haves im Garten Gartenlaufkäfer sind anpassungsfähig und können in vielen verschiedenen Arten von Gärten vorkommen. Sie benötigen aber dringend Deckung in Form von Holzhaufen, Hecken, Laub, Staudenbeeten oder Wiesen. Auf die Bekämpfung von Insekten und Schnecken sollte verzichtet werden.

Libellen – Elegante Jäger am Teich

Libellen *(Odonata)* sind bekannt für ihre kunstvollen Flugfähigkeiten und die farbenfrohen, langen, meist schlanken Körper. Die mitunter mehrjährige Larvenphase verbringen sie in Gewässern. Je nach Art bevorzugen sie Teiche, Seen, Flüsse oder temporäre Gewässer wie Pfützen, in denen sie räuberisch von anderen Wasserorganismen leben. Für die letzte Häutung verlassen sie ihre aquatischen Biotope und fliegen danach als ausgewachsene Libellen durch die Lüfte. Für ihre Beutezüge können sie sich weit von jeglichen Gewässern entfernen, kehren aber spätestens zur Eiablage wieder zurück.

Hufeisen-Azurjungfer

Coenagrion puella

Merkmale Bei dieser sehr schlanken Kleinlibelle, die 35 bis 40 mm lang wird, sind die Männchen azurblau und schwarz gefärbt. Auf dem zweiten Hinterleibssegment befindet sich eine schwarze Zeichnung, die an ein Hufeisen erinnert. Die Weibchen sind meist grün-schwarz gezeichnet.

Nahrung und Lebensweise Während des Larvenstadiums jagen Libellen unter Wasser andere Insektenlarven, Wasserflöhe, Würmer und andere Kleintiere, die sie überwältigen können. Nach der Metamorphose ernähren sich Libellen von kleinen Fluginsekten.

Must-haves im Garten Ein fischfreier Teich in sonniger Lage mit flacher Uferzone für die Larven und Wasserpflanzen für die Eiablage. Die erwachsenen Azurjungfern halten sich zum Ruhen und Jagen gern in Blumenwiesen auf.

Plattbauch

Libellula depressa

Merkmale Mittelgroße Libelle mit einer Körperlänge von 40 bis 45 mm. Der Hinterleib ist breit, abgeflacht und bei den Männchen hellblau gefärbt. Bei den Weibchen verändert er seine Farbe von Gelbbraun zu Dunkelbraun.

Nahrung und Lebensweise Die Larven graben sich gern im sandigen oder lehmigen Sediment kleiner Teiche ein, von wo aus sie vorbeikommende kleine Beutetiere wie Mückenlarven ergreifen. Die erwachsenen Plattbauch-Libellen sitzen auf exponierten Stellen und erbeuten vorbeifliegende Insekten.

Must-haves im Garten Für die Larvenentwicklung ist ein fischfreier Teich in sonniger Lage, der nur spärlich bewachsen ist und im Uferbereich einen sandigen bis lehmigen Untergrund aufweist, am besten geeignet.

Blaugrüne Mosaikjungfer

Aeshna cyanea

Merkmale Die Großlibelle hat eine Körperlänge von 70 bis 80 mm. Die Weibchen haben eine braunschwarz-grüne Körperzeichnung, während die Männchen gelbgrün-schwarz gezeichnet sind und zusätzlich hellblaue Flecken aufweisen.

Nahrung und Lebensweise Von Juli bis Oktober führen die erwachsenen Libellen auf Lichtungen, Rasen- und Wiesenflächen Jagdflüge in geringer Höhe über dem Boden aus. Dabei erbeuten sie die verschiedensten Fluginsekten. Die Larven ernähren sich von kleinen Wassertieren.

Must-haves im Garten Der fischfreie Teich sollte im Uferbereich in das Wasser hineinragende Totholzelemente aufweisen, an denen die Weibchen die Eier ablegen können. Der Teich sollte besonnt und naturnah bepflanzt sein.

Was sonst noch im Garten krabbelt, läuft und fliegt

Im Garten findet sich ein buntes Gewusel aus farbenfrohen und vielfältigen Insektenarten. Bienen, Käfer, Libellen und Heuschrecken gehören zu denen, die wir häufig bemerken. Das sind aber längst nicht alle. Die Gruppe der Fliegen blieb bislang noch unerwähnt. An bunten Blüten können wir vor allem Schwebfliegen beobachten, die oft mit Bienen verwechselt werden. Zu Recht, denn sie sind ebenso wichtige Bestäuber. Auch Florfliegen und Ameisenjungfern sind nützliche Insektenarten.
Und welche fehlen noch? Da wären zum Beispiel musizierende Zikaden, faszinierende Wanzen und die verborgen lebenden Schwimmkäfer.

Hainschwebfliege

Episyrphus balteatus

Merkmale Die 7 bis 12 mm große Schwebfliege weist am Hinterleib eine schwarz-gelbe Zeichnung auf, die Ähnlichkeit mit der Zeichnung von Stechwespen hat. Sie besitzt selbst jedoch keinen Stachel und ist zudem an ihrem typischen Fliegenrüssel erkennbar.

Nahrung und Lebensweise Hainschwebfliegen „stehen" oft im Schwirrflug vor geeigneten Blüten, von denen sie nach der Landung freiliegenden Nektar und Pollen mit ihrem Rüssel aufnehmen. Die Larven ernähren sich räuberisch von Blattläusen und Blattwespenlarven.

Must-haves im Garten Für die Versorgung der Fliegen eignen sich sowohl Staudenbeete als auch Blumenwiesen sowie blühende Hecken und Bäume. In diesen finden gleichzeitig die Larven ihre Beute, sofern auf eine Bekämpfung von Blattläusen und Blattwespenlarven verzichtet wird.

Gemeine Florfliege

Chrysoperla carnea

Merkmale Der grün-gelbliche Körper der Florfliege ist nur 10 bis 15 mm lang, durch die in Ruheposition dachartig zusammengefalteten langen Flügel wirkt sie jedoch doppelt so groß. Die in Regenbogenfarben schillernden Facettenaugen stehen deutlich hervor. Über den Winter verfärben sich die Tiere braun.

Nahrung und Lebensweise Florfliegen ernähren sich von Nektar, Pollen und Blattlaus-Honigtau. Die Larven erbeuten mit ihren greifzangenartigen Mundwerkzeugen hingegen vor allem Blattläuse.

Must-haves im Garten Da Florfliegen zu den Nützlingen gehören, die Blattlauspopulationen dezimieren, sollte auf eine Bekämpfung von Blattläusen verzichtet werden. Im kühlen Keller, Schuppen oder Dachboden überwinterten Tieren sollte man im Frühling nach draußen helfen.

Geflecktflüglige Ameisenjungfer

Euroleon nostras

Merkmale Die 24 bis 30 mm großen Netzflügler erinnern an schlanke Libellen, ihre Fühler sind jedoch kommaartig gekrümmt. Die Flügel sind variabel gefleckt. Die bis zu 10 mm großen Larven sind braun und gedrungen mit kräftigen Mundwerkzeugen zum Packen von Beutetieren.

Nahrung und Lebensweise Vor allem die als Ameisenlöwen bekannten Larven fallen durch ihre Lebensweise auf. Sie bauen an regengeschützten Plätzen in lockerer, sandiger Erde Fangtrichter, an deren Grund sie eingegraben auf Beute warten. Die erwachsenen Tiere sind nachtaktiv und fressen kleine Insekten.

Must-haves im Garten Regengeschützte Bereiche mit rieselfähigem Sand (z. B. Spielsand) unter dem Vordach vom Haus oder Schuppen, im teilweise abgedeckten Sandkasten und in mit Sand gefüllten Gefäßen.

Gemeine Blutzikade

Cercopis vulnerata

Merkmale Die Gemeine Blutzikade ist an ihrer für Zikaden typischen, dachförmigen Flügelhaltung gut von Käfern zu unterscheiden. Sie hat eine schwarze Grundfärbung mit roten Binden und Flecken auf den Flügeln. Sie wird 8,9 bis 10,5 mm groß.

Nahrung und Lebensweise Die Männchen der Blutzikaden erzeugen bei der Werbung um ein Weibchen einen rhythmischen Gesang mit ihren Trommelorganen. Die Weibchen legen die Eier in einen Schaumkokon, in dem sich die Larven geschützt entwickeln. Alle Stadien ernähren sich von Pflanzensäften.

Must-haves im Garten Weil Blutzikaden sehr anspruchslos bei der Wahl ihrer Wirtspflanzen sind, müssen sie nicht gezielt gefördert werden. Allerdings kommt sie nicht auf Zierrasen vor. Die Schaumnester dürfen nicht zerstört werden.

Gemeiner Wasserläufer

Gerris lacustris

Merkmale Während der grau-braune, langgestreckte Körper dieser Wanzenart nur 8 bis 10 mm lang ist, fallen besonders die beiden langen, hinteren Beinpaare auf. Ein dichter, luftgefüllter Filz an Körper und Beinen ermöglicht das Laufen auf der Wasseroberfläche.

Nahrung und Lebensweise Alle Stadien der Wasserläufer ernähren sich von Insekten, die lebend oder tot auf dem Wasser treiben. Außerdem erbeuten sie schlüpfende Mücken. Die Beute wird mit den kürzeren Vorderbeinen festgehalten und mit dem Saugrüssel ausgesaugt.

Must-haves im Garten Wasserläufer können auf fast allen Arten von Gartenteichen zurechtkommen. Lediglich eine zu starke Wasserbewegung durch Springbrunnen oder Pumpen sollte vermieden werden. Da sie teilweise fliegen können, besiedeln sie Gartenteiche von alleine.

Streifenwanze

Graphosoma italicum

Merkmale Die 8 bis 12 mm großen, ausgewachsenen Wanzen tragen auf ihrem Kopfschild, auf ihren Flügeln und dem Schildchen ein unverwechselbares, schwarz-rotes Streifenmuster. Die Nymphenstadien hingegen sind unauffällig braun gefärbt.

Nahrung und Lebensweise Streifenwanzen sitzen einzeln oder in Gruppen auf den Blüten von Doldenblütlern, wie Wilde Möhre, Fenchel, Pastinake oder Giersch. Dort saugen sie Pflanzensaft aus den reifenden Samen. Vor Fressfeinden schützen sie sich mit einem Wehrsekret.

Must-haves im Garten Wenn man Streifenwanzen in seinem Garten beobachten möchte, benötigt man vor allem die Wirtspflanzen dieser Art. Weil die angesaugten Samen ihre Keimfähigkeit verlieren können, verringern die Wanzen auch die unkontrollierte Ausbreitung von Giersch und Co.

Gelbrandkäfer

Dytiscus marginalis

Merkmale Die großen, flugfähigen Schwimmkäfer haben einen breit-ovalen, abgeflachten Körper und werden 27 bis 35 mm lang. Die Männchen sind schwarz-grün und glatt, Halsschild und Deckflügel sind gelb umrandet. Die Weibchen sind grün-braun und längs gerillt. Die Larven werden bis zu 80 mm lang, ihr Hinterleib ist nach oben gebogen, der Kopf ist groß mit kräftigen Greifzangen.

Nahrung und Lebensweise Käfer und Larven erbeuten Kaulquappen, Wasserinsekten, deren Larven, sowie Würmer und kleine Fische, die sie mit ihren Greifzangen festhalten und dann aussaugen.

Must-haves im Garten Ein größerer Teich ohne Fischbesatz, da in solchen Teichen die Vielfalt und Menge an Wasserorganismen höher ist. Achtung: Gelbrandkäfer können die Anzahl an Kaulquappen erheblich dezimieren.

Zum Weiterlesen und Bestimmen

Bücher, eBooks

Gerstmeier, Roland:
Basic Insekten.
Kosmos-Naturführer:
105 Arten in 3 Schritten
bestimmen. Kosmos

Petrischak, Hannes:
Welche Wildbiene ist das?
Kosmos-Naturführer:
100 Wildbienenarten bestimmen
und schützen. Kosmos

Bellmann, Heiko:
Der Kosmos-Insektenführer.
Kosmos-Naturführer:
Fast 1000 Arten, häufig auch
Raupen oder Puppen. Kosmos

Bellmann, Heiko:
Der Kosmos-Schmetterlings-
führer. Kosmos-Naturführer:
Schmetterlinge, Raupen und
Nahrungspflanzen. Kosmos

Hecker, Frank:
Wer summt denn hier?
Insektensommer. Kosmos

Mischitz, Véro:
Insektenwelt für Ahnungslose.
Krabbeltiere sehen und lieben
lernen. Kosmos

Fedders, Mareike:
Dein Balkon summt!
Insektenfreundlich gärtnern
auf kleinem Raum. Kosmos

Fedders, Mareike:
Tierisch guter Garten! So wird
der Garten zum Tierparadies
von Frühling bis Winter. Kosmos

Grieb, Ortrud:
Wildkräuter in Töpfen & Kübeln.
Pflanzen und genießen. So
wächst Natur auf dem Balkon.
Kosmos

Kern, Simone:
Mein Garten summt! Ein Platz
für Bienen, Schmetterlinge und
Hummeln. Kosmos

Kern, Simone:
Wild & Bunt. Naturnahe Gärten
mit heimischen Pflanzen
gestalten. Kosmos

Oftring, Bärbel:
Worauf fliegst du? Tierparadiese
pflanzen und pflegen. Kosmos

Online

www.bund.net
www.floraweb.de
www.nabu.de
www.naturadb.de
www.tausende-gaerten.de
www.deutschland-summt.de

Register

Bildnachweis

Mit 129 Farbfotos von:

Adobe Stock (18): /Christine: 29 u. re.; /dean: 26; /Marius Faust: 85 li.; /Vitalii Hulai: 65; /Christine Kuchem: 60, 62 li.; /Henrik Larsson: 37 o. li., 83 re.; /Marcel: 37 u. li.; /Mariia: 13; /Martina: 6; /Stephan Morris: 47 u.; /Oksana: 87 li.; /Matthias Schuette: 7; /Marek Swadzba: 87 re.; /Marek R. Swadzba: 83 li.; /Henk Wallays: 75 li.; /Stefan Werner: 8; **Heiko Bellmann (1):** 88 re.; **Heiko Bellmann/Frank Hecker (7):** 25 o. re.; 29 o. re.; 29 u. li.; 37 u. re.; 39 u. re.; 53 o. re.; 70 re.; **Wolfgang Buchhorn/Frank Hecker (2):** 9 u., 14 o. re.; **Mareike Fedders (6):** 42 alle, 64 alle; **Flora Press (13):** /gartenfoto.at: 27 li.; /Karin Goldbach: 50, 55 o.; /GWI/Ron Evans: 33 o. li.; /GWI/Lisa Wildgoose: 61 re.; /Hubert & Klein: 49 u. re.; /Daniela Kunze: 53 o. li.; /Andrew Lawson: 25 u. re.; /Antje Michaelis-Haeg: 51; /Gary Rogers: 11, 40; /Frédéric Tournay: 39 o. li., 49 o. re.; **GAP Photos (4):** 41 li.; /Richard Bloom: 41 re.; /Carole Drake: 47 o.; /Robert Mabic: 9 o.; **Gartenbildagentur Friedrich Strauss (19):** /Christine Erb: 45 o. re.; /Green Solutions: 25 o. li.; /Thomas Grundner: 46; /House of Pictures/Minna Mercke Schmidt: 21; /Dr. Karen Meyer-Rebentisch: 18/19; / Martin Staffler: 23; /Friedrich Strauss: 3, 10, 30, 31, 45 u. re., 53 u. re., 54 li., 54 re., 55 u., 56 o. li., 56 o. re., 56 u.; Konrad Wothe: 39 u. li.; **Frank Hecker (50):** 12, 14 o. li., 14 o. re., 14 u. li., 17 alle, 25 u. li., 29 o. li., 33 o. re., 33 u., 35 o. li., 35 o. re., 37 o. re., 39 o. re., 45 o. li., 45 u. li., 49 u. li., 58/59, 61 li., 62 re., 63 li., 63 re., 66/67, 68, 69 li., 69 re., 70 li., 71 re., 72, 74 li., 74 re., 75 re., 76 li., 76 re., 77 li., 77 re., 78, 79 li., 79 re., 80, 81 re., 82 li., 82 re., 84, 85 re., 86, 88 li., 89 li.; **mauritius images (8):** /Alamy Stock Photos/Robin Chittenden: 71 li. /Alamy Stock Photos /A.D. Fletcher: 53 u. li.; /imageBROKER /Richard Becker/FLPA 73 re.; /Alamy Stock Photos/blickwinkel /R. Guenter: 73 li.; /Pitopia: 27 re.; /Sandra Radl: 4/5; /David & Micha Sheldon: 49 o. li.; /Alamy Stock Photos/Ian West: 89 re.; **Frieder Sauer/Frank Hecker (1):** 81 li.

Mit 7 Illustrationen von:
Hanna Wenzel Illustration & Design

Impressum

Umschlaggestaltung von GRAMISCI Editorialdesign/Stefanie Wawer unter Verwendung von: **14 Fotos** von **AdobeStock (5):** /andrzej: Distelfalter; /fotoman1962: Erdhummel; /Henk: Hainlaufkäfer; /Henrik Larsson: Gesch. Nagekäfer; /Paradox: Buprestis aurulenta; **Frank Hecker (5):** Ameise, Hummel, Raubfliege, Schw. Schneckenjäger, Vierzehnpkt.-Marienkäfer; **Kosmos (1); mauritius images (1):** /Alamy Stock Photos/Robin Chittenden: Umschlagrückseite; **Evi Pelzer (1):** Umschlagvorderseite; **Privat (1):** hinten außen

Mit 143 Fotos und 7 Illustrationen.

Alle Angaben in diesem Buch sind sorgfältig geprüft und geben den neuesten Wissensstand bei der Veröffentlichung wieder. Da sich das Wissen aber laufend in rascher Folge weiterentwickelt und vergrößert, muss jeder Anwender prüfen, ob die Angaben nicht durch neuere Erkenntnisse überholt sind. Dazu muss er zum Beispiel Beipackzettel zu Dünge-, Pflanzenschutz- bzw. Pflanzenpflegemitteln lesen und genau befolgen sowie Gebrauchsanweisungen und Gesetze beachten. Die Blütenfarben sind sortenabhängig, daher können auch Farben auf dem Markt sein, die im Buch nicht genannt werden. Die Blütezeiten sind ebenfalls sortenabhängig, aber auch klima- und standortabhängig. Die angegebenen Wuchshöhen und -breiten der Pflanzen sind Mittelwerte. Sie können je nach Nährstoffgehalt des Bodens variieren. Verschiedene Sorten können deutlich größer oder auch kleiner wachsen als die Art.

Unser gesamtes Programm finden Sie unter **kosmos.de.**
Über Neuigkeiten informieren Sie regelmäßig unsere Newsletter, einfach anmelden unter **kosmos.de/newsletter**

Gedruckt auf chlorfrei gebleichtem Papier

ISBN 978-3-440-17825-6

Redaktion: Lisa Hummel
Gestaltungskonzept: GRAMISCI Editorialdesign/Claudia Geffert
Gestaltung und Satz: Daniela Petrini, A-Reutte
Produktion: Klaus Jost
Druck und Bindung: Westermann Druck Zwickau GmbH, Zwickau
Printed in Germany / Imprimé en Allemagne

FSC
www.fsc.org
MIX
Papier | Fördert gute Waldnutzung
FSC® C110508

Tierfreundlich gärtnern — für Balkon & Garten

Tierisch guter Garten
Ein naturnaher, tierfreundlicher Garten bringt vielfachen Nutzen: als Refugium für bedrohte Arten, als Lebensraum für Gartennützlinge und als Erlebnis für den Menschen, der die Tiere aus nächster Nähe beobachten kann. Dieses Buch zeigt, wie man seinen Garten so gestaltet, dass Vögel, Insekten, Igel und Fledermäuse, aber auch Amphibien und Reptilien gern vorbeikommen und bleiben: mit Blumen und Gehölzen für ausreichende Nahrung, Miniteichen als Trink- und Badestellen, natürlichen Winterquartieren, Schutzzonen und Nisthilfen – auch zum Selberbauen. Ein hilfreicher Ratgeber für Artenschutz im eigenen Garten.

128 Seiten

128 Seiten

Dein Balkon summt
Mareike Fedders zeigt in „Dein Balkon summt!“, wie Artenschutz auch auf dem Balkon möglich ist. Sie stellt nicht nur die sechsbeinigen Besucher vor, sondern gibt auch wertvolle Tipps zur Auswahl der Pflanzen und zu Unterschlupfmöglichkeiten für Insekten. Kreative DIY-Ideen machen Lust, selbst aktiv zu werden und den Balkon zum Insektenparadies umzugestalten.

kosmos.de

NABU
Dein Garten.
Mein Zuhause.
ach deinen Garten zu
iner Augen- und Bienenweide
und zu einem Paradies für
chmetterlinge, Igel und Vögel.
Ideen und Tipps unter
www.NABU.de/gartenvielfalt
Foto: HamburgNews/Adobe Stock